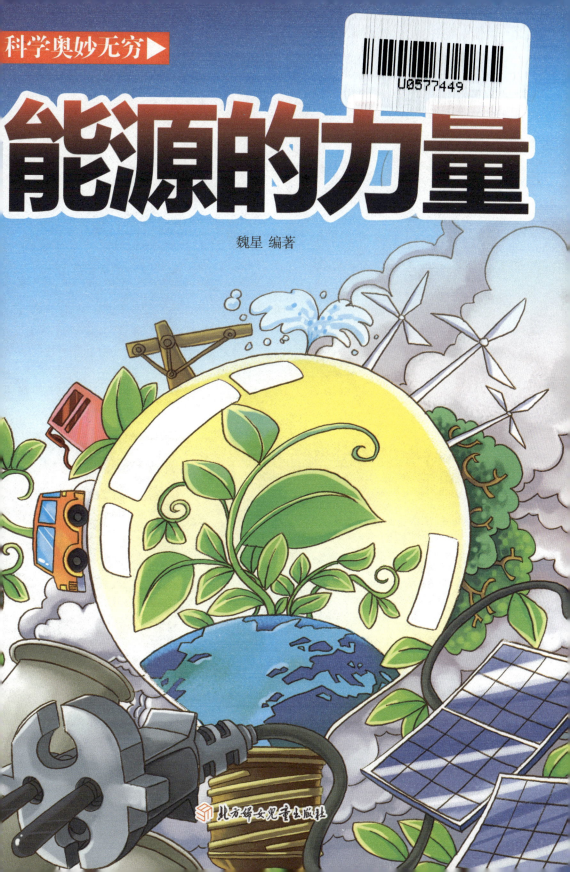

科学奥妙无穷 ▶

能源的力量

魏星 编著

北方妇女儿童出版社

目　录

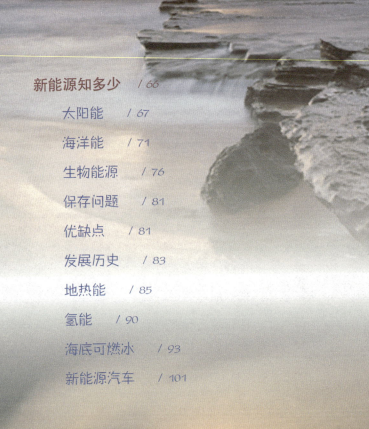

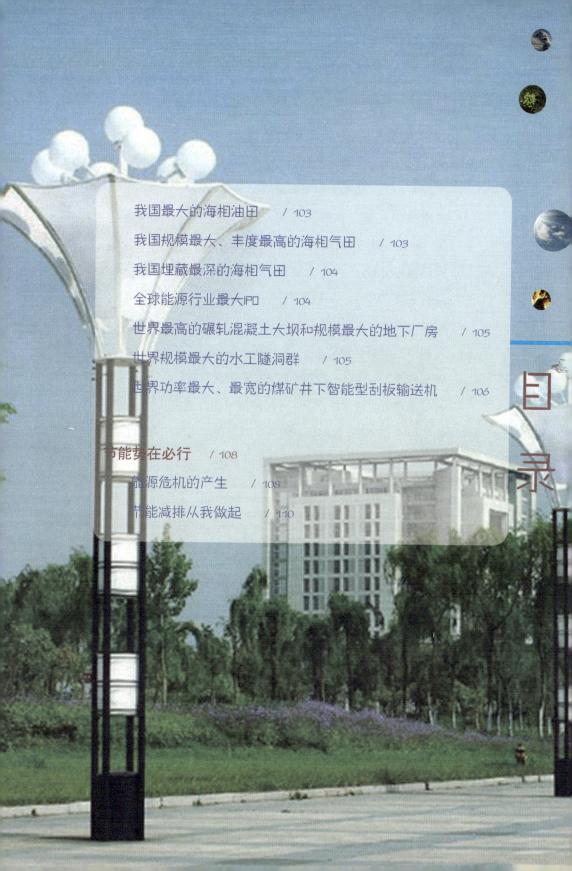

目录

人类最早利用火作为能源,我国古代燧人氏的钻木取火标志着人类社会步入了一个新的文明史。正如恩格斯所说:"摩擦生火第一次使人支配了一种自然力,从而最终把人同动物界分开。"在此之后的漫长人类历史上,从钻木取火到原子能的利用,人类一直在为开发利用能源而不懈努力。一种种新的能源被开发和利用,一次次的能源革新促进了人类社会生产力的新发展。同时把人类征服和改造自然的能力提高到一个新水平。能源的发展成了社会生产力发展的重要标志,是保证人类社会向前发展的根本动力。

钻木取火

● 地球的宝贵财富——能源

随着人类社会历史的向前推进，能源的开发水平的不断提高，能源的利用亦得到不断的深化和拓展。最初是以柴草作燃料，同时利用少量的水力、风力，这个以柴草为主要能源的时期延续了很长的时间。虽然，我们的祖先在几千年前就知道了用煤和石油作燃料，但直到18世纪人类发明了蒸汽机后，能源的利用技术才产生了一个飞跃。煤炭取代柴草成了能源舞台的"主角"，亦使人们在这种大自然赋予的宝贵财富

石油

8

蒸汽机

中创造出了许
许多多前所未有的物
质财富。至今，包括我国在内的许多发
展中国家仍以煤炭为主要能源。当然，煤
炭的全面开发利用并没有使一些发达国
家得到动力上的满足，它们凭着

自身发达的生
产力水平进入到石油时代以
及综合新能源时代。自此能
源渗透人类生产生活的每一
个角落，似人体之血液滋养
着社会肌体的生存发展。

煤

何为能源 〉

物质、能量和信息是构成自然社会的基本要素。"能源"这一术语，过去人们谈论得很少，正是两次石油危机使它成了人们议论的热点。在全球经济高速发展的今天，国际能源安全已上升到了国家的高度，各国都制定了以能源供应安全为核心的能源政策。

那么，究竟什么是"能源"呢？关于能源的定义，目前约有20种。例如：《科学技术百科全书》说："能源是可从其获得热、光和动力之类能量的资源"；《大英百科全书》说："能源是一个包括着所有燃料、流水、阳光和风的术语，人类用适当的转换手段便可让它为自己提供所需的能量"；《日本大百科全书》说："在各种生产活动中，我们利用热能、机械能、光能、电能等来作功，可利用来作为这些能量源泉的自然界中的各种载体，称为能源"；我国的《能源百科全书》说："能源是可以直接或经转换提供人类所需的光、热、动力等任一形式能量的载能体资源。"可见，能源是一种呈多种形式

流水

NENG YUAN DE LI LIANG

阳光

的，且可以相互转换的能量的源泉。确切而简单地说，能源是自然界中能为人类提供某种形式能量的物质资源。

能源亦称能量资源或能源资源，是指可产生各种能量（如热量、电能、光能和机械能等）或可作功的物质的统称，是指能够直接取得或者通过加工、转换而取得有用能的各种资源。

能源为人类的生产和生活提供各种能力和动力的物质资源，是国民经济的重要物质基础，未来国家命运取决于能源的掌控。能源的开发和有效利用程度以及人均消费量是生产技术和生活水平的重要标志。

能源效率 >

能源效率是指能源开发、加工、转换、利用等各个过程的效率。减少提供同等能源服务的能源投入。可用单位产值能耗、单位产品能耗、单位建筑面积能耗等指标来度量。它与“节能”基本上是一致的，但是它更强调通过技术进步实现节能。

世界能源委员会对能源效率的定义为“减少提供同等能源服务源投入”。我国学者也对能源效率进行了定义，从物理学角度来看：“能源效率，是指能源利用中发挥作用的与实际消耗的能源量之比。”从经济学角度来看：“能源效率是指为终端提供的服务于所消耗的能源总量之比”。

机械能

一般提高能源的使用效率除了采用回收再利用的方法之外，就是尽可能增大反应物的表面积以提高受热面积，产生更多的活化分子。要从建筑物的外观、位置、使用材料的设计入手，

水泵

高能效锅炉

调节能源需求；使用高能效锅炉、水泵，使用蓄冷系统、电热联产和三连供系统并对系统定期进行维护，以此提高能效，除此之外，还要尽可能使用风能、太阳能等可再生能源。

中国的能源效率

　　中国的能源效率仅为33%。中国是一个能源消耗大国，能源消耗总量排在世界第二。而中国人口众多，能源相对缺乏，人均能源占有量仅为世界平均水平的40%，建筑能耗已经占到社会总能耗的40%左右。而能源效率目前仅为33%，比发达国家落后20年，能耗强度大大高于发达国家及世界平均水平，约为美国的3倍、日本的7.2倍。如何提高能源利用效率，已经成为中国政府在中国未来经济发展中一个紧迫的问题。

能源资源储量 〉

　　石油的世界总储量，悲观地估计为2700亿吨，乐观地估计为6500亿吨。在油砂和油页岩中还有7000亿吨。但能经济地回采的约有1750亿吨。按悲观估计，回采量最少约1000亿吨。世界年耗油量30亿吨推算，可用130年左右。但是全世界已查明的石油可采储量仅879亿吨。如每年开采30亿吨，不到30年就可用光。

　　天然气储量约1800亿吨到4000亿吨。全世界天然气的可采储量为70多亿立方米。有一种看法是，全世界可开采的天然气总储量高达281亿立方米，也只能满足170年的需求。

　　煤炭已证实的储量为14000亿吨。按全世界的耗煤量计算，可用500年。还有一种估计是，全世界煤储量的预测量是10万亿吨，但可供采掘的只有约

天然气

铀

7000亿吨。以每年开采量34亿吨计算，只能维持200年。

　　铀的可供作核燃料的矿产资源储量为400万吨。仅西方世界已证实有209万吨。即使核技术迅速发展，这个储量也要到快中子增殖反应堆迅速生产出比自身所消耗的还要多的核燃料之后很长一段时间才用完。

　　世界水力资源的理论蕴藏量38亿千瓦，可开发的有11万千瓦/小时。

能源法 〉

　　能源法是国家为调整人们在能源合理开发、加工转换、储迁、供应、贸易、利用和管理过程中产生的各种社会关系而制定的法律规范的总称。我国已发布的主要能源法律有《节约能源法》《煤炭法》和《电力法》等。

　　能源法的调整以能源开发利用及其规制的法制化、高效化、合理化为出发点，以保证能源安全、高效和可持续供给

电力

为归宿。广义的能源法包括能源基本法、节约能源法、石油法、煤炭法、电力法、原子能法、可再生能源法，以及有关具体能源行政法规、规章和地方法规。

世界能源委员会 >

世界能源委员会原为1924年创立的世界动力会议，1968年改名为世界能源会议，1990年更名为世界能源委员会，是一个非官方、非盈利组织。其宗旨是研究、分析和讨论能源以及与能源有关的重大问题，为各国公众和能源决策者提供咨询、意见和建议。总部设在伦敦。1985年中国成为世界能源委员会执行理事会成员。

- **宗旨**

　　促进能源可持续发展以及最有效地和平利用所有能源；探讨能源与环境、能源与社会、能源与经济、节能和能源有效利用以及各种能源之间的互相关系；搜集和发表各种能源及其利用方面的统计数据；召开能源及经济方面的各种会议。

- **活动**

　　每3年召开一次大会。会期通常为4个工作日，即召开技术讨论会、圆桌会议、战略性能源研讨会和工作组会议。出席大会的代表来自能源及相关学科的世界著名人士，多达5000余人。这些会议是世界能源界最重要的能源研讨会，会议结论成为世界能源界决策的依据。

水能

17

● 柴草时期与火

柴草时期 〉

在原始社会，人类在发现和学会使用火以前，主要是依靠储存在食物中的化学能取得能量。火的发现和钻木取火的利用是人类利用能源的真正开始，亦使人类在征服自然界、促进自身发展方面发生了重大飞跃。特别是在增强原始人类体质及制造铁器、陶器等生产和生活用品方面起了重大作用。在从原始社会直到18世纪的漫长的历史年代，草木作为取火燃料一直是最主要的能源。虽然当时已有畜力、风力、水力等"新能源"的发现和利用，但还是小规模的。人们把这个漫长的能源发展的历史阶段称为柴草时期或木柴时期。这个阶段人类可利用的能源种类贫乏，所用能源的方法也是原始落后的，生产力发展水平亦很低。

19

火的应用 ＞

人类对火的认识、使用和掌握，是人类认识自然、并利用自然来改善生产和生活的第一次实践。火的应用，在人类文明发展史上有极其重要的意义。从100多万年前的元谋人，到50万年前的北京人，都留下了用火的痕迹。人类最初使用的都是自然火。人工取火发明以后，原始人掌握了一种强大的自然力，促进了人类的体制和社会的发展，而最终把人与动物分开。

控制火提供热、光是人类早期伟大的成就之一。早期的人类从自然界产生的火源中保留火种。后来学会使用钻木取火或者敲击燧石的方式来主动获得火。学会用火使人类能够移民到气候较

火力发电

冷的地区定居。火被用于烹饪较难消化的食物、照明、取暖、驱赶野兽、热处理材料等等。考古学研究显示人类在100万年前就能有控制地用火。近东人类于79万年前就能自己生火。但使用火的技能约到40万年前才普及。

燃烧木材是最早生火的方式。树木自古提供人类需要的很多能源，故称柴或柴火。不同的树木造就不同的柴火。《调鼎集·火》列举各种木柴烹煮："桑柴火：煮物食之，主益人。又煮老鸭及肉等，能令极烂，能解一切毒，秽柴不宜作食。稻穗火：烹煮饭食，安人神魂到五脏六腑。麦穗火：煮饭食，主消渴润喉，利小便。松柴火：煮饭，壮筋骨，煮茶不宜。栎柴火：煮猪肉食之，不动风，煮鸡鸭鹅鱼腥等物烂。茅柴火：炊者饮食，主明目解毒。芦火、竹火：宜煎一切滋补药。炭火：宜煎茶，味美而不浊。糠火：砻糠火煮饮食，支地灶，可架二锅，南方人多用之，其费较柴火省半。惜春时糠内入虫，有伤物命。"

到了现代，人类利用火力发电，以煤炭、石油和天然气为燃料产生电力。

原始火种

原始火种 〉

人类最初与动物一样，对火是害怕的。后来，逐渐发现了火的好处——被烧烤过的兽肉味道更鲜美，于是便主动地利用火。

用火取暖

火的影响 〉

火的使用，首先使人类形成和推广熟食生活。特别是人工取火的发明，使人类随时都可以吃到熟食，减少疾病，促进大脑的发育和体制的进化。而熟食的推广，还扩大了食物的来源和种类，使人类最终摆脱了"茹毛饮血"的时代。火还给人类带来了温暖，从而扩大了人类的活动范围，使人不再受气候和地域的限制，并能够在寒冷的地区生活。

火与社会生产 〉

　　火是原始人狩猎的重要手段之一。用火驱赶、围歼野兽,行之有效,提高了狩猎生产能力。焚草为肥,促进野草生长,自然为后起的游牧部落所继承。最初的农业耕作方式——刀耕火种,就是依靠火来进行的。至于原始的手工业,更是离不开火的作用。弓箭、木矛都要经过火烤矫正器身。以后的制陶、冶炼等,没有火是无法完成的。

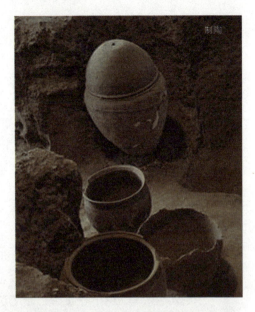

制陶

原始农业耕作

火与传统文化

火神

当火的烟雾分散到天空时，火和燃烧常用于宗教仪式和象征。一般至少有两种意义：第一，火和水都代表洁净、消毒，比方说在没有消毒药水的情况下，用来挑刺的针必须先过火以免伤口感染。第二，燃烧代表将东西寄往灵界，比方说中国民间信仰常常为祖先烧冥钱（或称纸钱，广东称之为阴司纸）、纸车子、纸房子等，希望死者在阴间不致缺乏；道教的疏文在仪式近末尾时会被焚烧，以上达天庭；佛教的密宗有火供（或称护摩法），通过燃烧供品来供养佛菩萨、火神等。

古代人们理解大自然，尝试为自然现象分类、总结时往往认为火是其中一个不可分割的元素。古希腊人认为世界上所有的物质是由空气、水、泥土和火以不同的比例混合组成的。火也是中国传统文化中五行之一。五行相生相克，其中木生火、火生土、水克火、火克金。

烧冥钱

火灾

孔子

名人与火 〉

古今中外, 曾发生过不少名人与火的趣事:

• 孔子的消防观

史载, 孔子曾3次亲临火灾现场, 3次的态度鲜明地表现出了孔子正确的消防观:

向救火者鞠躬: 一次鲁国的养马场发生火灾, 孔子闻讯赶到现场时火已扑灭, 满身泥水的救火人员正在外撤, 孔子就站在马场门口向这些人一一鞠躬致谢。

救火要赏罚严明: 一次, 鲁国国都附近山林失火, 迅速向国都方面蔓延。鲁哀公急忙率领孔子等部属前往扑救, 但是到现场后却发现有人不救

墨子

• 墨子组织消防队

墨子是春秋战国时期著名的政治家、思想家。他在年轻时,曾以一个平民的身份组织300人的义勇军保卫宋城,抵御外来入侵者以火攻城,还提出了城门上涂泥防火、用麻布做水斗、皮革做水盘、城门楼上设储水器等一系列的防火措施。

春秋时期储水器

火,却去追逐火场中的野兽。鲁哀公问其故,孔子说,主要原因是赏罚不明。鲁哀公便下令:凡见火不救者以放火罪论处,救火有功者奖,结果大火很快被扑灭。

先问人员伤未伤:鲁国一马棚失火,孔子到火场后,没有问马的损伤情况,而是先问烧着喂马人没有。此事使百姓很受感动。

• 爱迪生失火挨打

伟大的发明家爱迪生，一生中曾两次遇"火"：十几岁时，他在铁路上做小工，一天他在车厢里搞实验，不慎引起火灾，被主人狠狠打了一个耳光，从此这位伟大的科学家患了耳聋病，终身致残；1912年12月，他在自己的工作室研究无声电影，试制镍铁电池时发生了火灾，大火着实凶猛，整个工厂被毁灭，多年来积累的宝贵资料也被烧毁，妻子急得直哭，他却非常乐观："这样的大火，百年难得一见。"次日清晨，他把全体职工召集起来宣布："我们重建！"

• 皇帝指挥救火

《东华录》载："二月丙子，正阳门外居民火，上御正阳门楼，遣内臣侍卫扑救之。"这里说的"上"指的是康熙皇帝。此事发生在康熙二十六年（1687年）二月十一日。康熙对火灾历来很重视，史载，康熙三十四年（1695年）二月二十三日夜，西苑五龙亭、光明殿失火，次日黎明，康熙亲自到现场视察火情。由于康熙重视防火，因此在他执政的61年间，故宫只发生过一起火灾。

爱迪生

- 慈禧害怕电影

　　光绪三十年（1904年），慈禧太后70寿诞时，英国驻华公使进献给她一部电影放映机和几部影片，一次放映时突然着火，片子及电影放映机被烧毁。火势快，火焰猛，使慈禧太后大惊，于是她特颁一道谕旨：紫禁城里不准放电影。

- 孙中山与火结缘

　　中国近代民主主义革命的先驱孙

孙中山

慈禧

中山，在他的革命生涯中与火结下了不解之缘。1894年11月，孙中山在檀香山创立了中国早期的资产阶级革命团体——兴中会，为了保密，成立大会的地址选在了"华人消防所"，这个救火救生的群

林则徐禁烟

鸦片

众团体十分安全, 保证了成立大会的顺利召开; 1912年的一天, 安徽都督柏文蔚得知装载大量鸦片的一艘英国商船在安徽省安庆县长江水域行驶, 下令将该船查扣。英国驻安徽的领事说中国警察侵犯了英国在华商人的正当权益, 提出"抗议", 要求中方在24小时内放行, 交还全部货物, 并向英方赔礼道歉。同时, 在长江游弋的英国炮舰将炮口对准安庆城。就在这十分危急的时刻, 孙中山来安徽视察路过安庆, 安徽都督柏文蔚登上孙中山的座舰"江赛"号, 请示孙中山此事如何处置。孙中山闻听此事拍案而起:"非给英国鸦片贩子以沉重打击不可!"次日, 孙中山在"江赛"号甲板上向前来欢迎的群众激昂陈词, 历数了林则徐禁烟以来西方国家对中国的侵略罪行, 面对英军的炮口, 果断下令:"将缴获的所有鸦片, 悉数烧毁!"

● 能源家族

自然界中的能源虽然有很多种类,但根据不同的标准,可以进行不同的分类。

按照来源分类 〉

· 来自地球外部天体的能源(主要是太阳能)

太阳能除可直接利用它的光和热外,它还是地球上多种能源的主要源泉。目前,人类所需能量的绝大部分都直接或间接地来自太阳。正是各种植物通过光合作用把太阳能转变成化学能在植物体内贮存下来。这部分能量为人类和动物界的生存提供了能源。煤炭、石油、天然气、油页岩等化石燃料也是由古代埋在地下的动植物经过漫长的地质年代形成的。它们实质上是由古代生物固定下来的太阳能。此外,水能、风能、波浪能、海流能等也都是由太阳能转换来的。从数量上看,太阳能非常巨大。理论计算表明,太阳每秒钟辐射到地球上的能

太阳能

NENG YUAN DE LI LIANG

波浪能

地热能

量相当于500多万吨煤燃烧时放出的热量；一年就有相当于170万亿吨煤的热量，现在全世界一年消耗的能量还不及它的万分之一。但是，到达地球表面的太阳能只有千分之一二被植物吸收，并转变成化学能贮存起来，其余绝大部分都转换成热，散发到宇宙空间去了。

• 地球本身蕴藏的能量

这通常指与地球内部的热能有关的能源和与原子核反应有关的能源，如原子核能、地热能等。温泉和火山爆发喷出的岩浆就是地热的表现。地球可分为地壳、地幔和地核三层，它是一个大热库。地壳就是地球表面的一层，一般厚度为几千米至70千米不等。地壳下面是地幔，它大部分是熔融状的岩浆，厚度为2900千米。火山爆发一般是这部分岩浆喷出。地球内部为地核，地核中心温度为2000度。可见，地球上的地热资源贮量也很大。

目前在世界各地运行的440多座核电站就是使用铀原子核裂变时放出的热量。使用氘、氚、锂等轻核聚变时放出能量的核电站正在研究之中。世界上已探明的铀储量约490万吨，钍储量约275

• **地球和其他天体相互作用而产生的能量**

地球、月亮、太阳之间有规律的运动，造成相对位置周期性的变化，它们之间产生的引力使海水涨落而形成潮汐能。与上述3类能源相比，潮汐能的数量很小，全世界的潮汐能折合成煤约为每年30亿吨，而实际可用的只是浅海区那一部分，每年约合6000万吨煤。

万吨。这些裂变燃料足够人类使用到迎接聚变能的到来。聚变燃料主要是氘和锂，海水中氘的含量为0.03克/升，据估计地球上的海水量约为138亿亿立方米，所以世界上氘的储量约40万亿吨；地球上的锂储量虽比氘少得多，也有2000多亿吨，用它来制造氚，足够人类过渡到氘、氚聚变的年代。这些聚变燃料所释放的能量比全世界现有能源总量放出的能量大千万倍。按目前世界能源消费的水平，地球上可供原子核聚变的氘和氚，能供人类使用上千亿年。因此，只要解决核聚变技术，人类就将从根本上解决能源问题。实现可控制的核聚变，以获得取之不尽、用之不竭的聚变能，这正是当前核科学家们孜孜以求的。

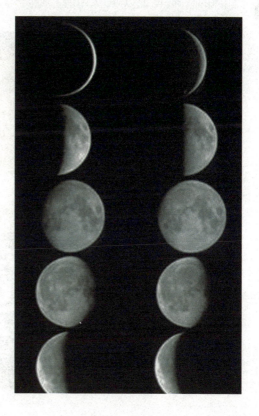

按照产生分类 ›

按照产生方式，能源可分为一次能源和二次能源。前者即天然能源，指在自然界现成存在的能源，如煤炭、石油、天然气、水能等。后者指由一次能源加工转换而成的能源产品，如电力、煤气、蒸汽及各种石油制品等。一次能源又分为可再生能源（水能、风能及生物质能）和非再生能源（煤炭、石油、天然气、油页岩等），其中煤炭、石油和天然气3种能源是一次能源的核心，它们成为全球能源的基础；除此以外，太阳能、风能、地热能、海洋能、生物能以及核能等可再生能源也被包括在一次能源的范围内；二次能源也称"次级能源"或"人工能源"，是指由一次能源直接或间接转换成其他种类和形式的能量资源，例如：电力、煤气、汽油、柴油、焦炭、洁净煤、激光和沼气等能源都属于二次能源。一次能源无论经过几次转换所得到的另一种能源都被称为二次能源。在生产过程中的余压、余热，如锅炉烟道排放的高温烟气，反应装置排放的可燃废气、废蒸汽、废热水，密闭反应器向外排放

海洋能

沼气

的有压流体等也属于二次能源。二次能源又可以分为"过程性能源"和"合能体能源"，电能就是应用最广的过程性能源，而汽油和柴油是目前应用最广的合能体能源。二次能源亦可解释为自一次能源中，所再被使用的能源，例如将煤燃烧产生蒸气能推动发电机，所产生的电能即可称为二次能源。或者电能被利用后，经由电风扇，再转化成风能，这时风能亦可称为二次能源，二次能源与一次能源间必定有一定程度的损耗。二次能源的产生不可避免地要伴随着加工转换的损失，但是它们比一次能源的利用更为有效、更为清洁、更为方便。因此，人们在日常生产和生活中经常利用的能源多数是二次能源。电能是二次能源中用途最广、使用最方便、最清洁的一种，它对国民经济的发展和人民生活水平的提高起着特殊的作用。

按照能源性质分类 〉

有燃料型能源（煤炭、石油、天然气、泥炭、木材）和非燃料型能源（水能、风能、地热能、海洋能）。人类利用自己体力以外的能源是从用火开始的，最早的燃料是木材，以后用各种化石燃料，如煤炭、石油、天然气、泥炭等。现正研究利用太阳能、地热能、风能、潮汐能等新能源。当前化石燃料消耗量很大，而且地球上这些燃料的储量有限。未来铀和钍将提供世界所需的大部分能量。一旦控制核聚变的技术问题得到解决，人类实际上将获得无尽的能源。

木材

NENG YUAN DE LI LIANG

按照是否污染分类 〉

根据能源消耗后是否造成环境污染可分为污染型能源和清洁型能源，污染型能源包括煤炭、石油等。清洁能源是不排放污染物的能源，它包括核能和"可再生能源"。可再生能源是指原材料可以再生的能源，如水力发电、风力发电、太阳能、生物能（沼气）、海潮能这些能源。可再生能源不存在能源耗竭的可能，因此日益受到许多国家的重视，尤其是能源短缺的国家。

按照使用类型分类 〉

按照使用类型，能源可分为常规能源和新型能源。利用技术上成熟、使用比较普遍的能源叫作常规能源，包括一次能源中的可再生的水力资源和不可再生的煤炭、石油、天然气等资源。

新近利用或正在着手开发的能源叫作新型能源。新型能源是相对于常规能源而言的，包括太阳能、风能、地热能、海洋能、生物能、氢能以及用于核能发电的核燃料等能源。由于新能源

水力发电

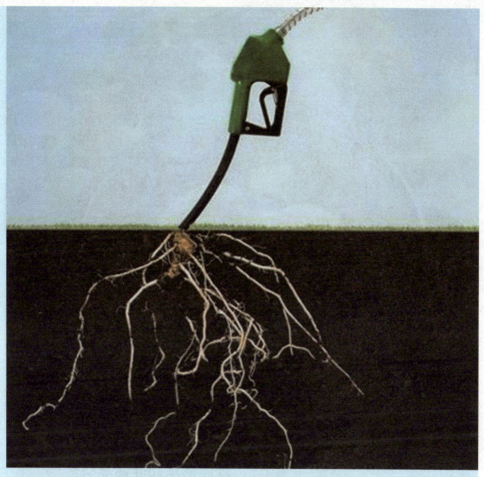

生物质能

按照形态特征分类 〉

的能量密度较小，或品位较低，或有间歇性，按已有的技术条件转换利用的经济性尚差，还处于研究、发展阶段，只能因地制宜地开发和利用。但新能源大多数是再生能源，资源丰富，分布广阔，是未来的主要能源之一。

世界能源委员会推荐的能源类型分为：固体燃料、液体燃料、气体燃料、水能、电能、太阳能、生物质能、风能、核能、海洋能和地热能。其中，前3个类型统称化石燃料或化石能源。已被人类认识的上述能源，在一定条件下可以转换为人们所需的某种形式的能量。比如

可以用热来做饭

薪柴和煤炭，把它们加热到一定温度，它们能和空气中的氧气化合并放出大量的热能。我们可以用热来取暖、做饭或制冷，也可以用热来产生蒸汽，用蒸汽推动汽轮机，使热能变成机械能；也可以用汽轮机带动发电机，使机械能变成电能；如果把电送到工厂、企业、机关、农牧林区和住户，它又可以转换成机械能、光能或热能。

按照商品和非商品分类 ＞

凡进入能源市场作为商品销售的，如煤、石油、天然气和电等均为商品能源。国际上的统计数字均限于商品能源。非商品能源主要指薪柴和农作物残余（秸秆等）。1975年，世界上的非商品能源约为0.6太瓦年，相当于6亿吨标准煤。据估计，中国1979年的非商品能源约合2.9亿吨标准煤。

按照再生和非再生分类 〉

人们对一次能源又进一步加以分类。凡是可以不断得到补充或能在较短周期内再产生的能源称为再生能源，反之称为非再生能源。风能、水能、海洋能、潮汐能、太阳能和生物质能等是可再生能源；煤、石油和天然气等是非再生能源。地热能基本上是非再生能源，但从地球内部巨大的蕴藏量来看，又具有再生的性质。核能的新发展将使核燃料循环而具有增殖的性质。核聚变的能比核裂变的能可高出 5~10 倍，核聚变最合适的燃料重氢（氘）又大量地存在于海水中，可谓"取之不尽，用之不竭"。核能是未来能源系统的支柱之一。

核聚变

传统能源现代观

常规能源也叫传统能源，是指已经大规模生产和广泛利用的能源。煤炭、石油、天然气、核能等都属一次性非再生的常规能源。而水电则属于再生能源，如葛洲坝水电站和三峡水电站，只要长江水不干涸，发电也就不会停止。煤和石油、天然气则不然，它们在地壳中是经千百万年形成的。按现在的采用速率，石油可用几十年，煤炭可用几百年，这些能源短期内不可能再生，因而人们对此有危机感是很自然的。

传统能源与新能源的划分是相对的。以核裂变能为例，20世纪50年代初开始把它用来生产电力和作为动力使用时，被认为是一种新能源。到80年代世界上不少国家已把它列为常规能源。太阳能和风能被利用的历史比核裂变能要早许多世纪，由于还需要通过系统研究和开发才能提高利用效率，扩大使用范围，所以还是把它们列入新能源。

昔日的黑色金子——煤炭 〉

煤炭是古代植物埋藏在地下经历了复杂的生物化学和物理化学变化逐渐形成的固体可燃性矿物。一种固体可燃有机岩，主要由植物遗体经生物化学作用，埋藏后再经地质作用转变而成。煤炭被人们誉为黑色的金子，工业的食粮，它是18世纪以来人类世界使用的主要能源之一。

· 应用历史

现在虽然煤炭的重要位置已被石油代替，但在今后相当长的一段时间内，由于石油的日渐枯竭，必然走向衰败，而煤炭因为储量巨大，加之科学技术的飞速发展，煤炭汽化等新技术日趋成熟，并得到广泛应用，煤炭必将成为人类生产生活中无法替代的能源之一。

根据成煤的原始物质和条件不同，自然界的煤可分为三大类，即腐植煤、残植煤和腐泥煤。

中国是世界上最早利用煤的国家。辽宁省新乐古文化遗址中，就发现有煤制工艺品，河南巩义市也发现有西汉时用煤饼炼铁的遗址。《山海经》中称煤为石涅，魏、晋时称煤为石墨或石炭。明代李时珍的《本草纲目》首次使用煤

这一名称。希腊和古罗马也是用煤较早的国家，希腊学者泰奥弗拉斯托斯在公元前约 300 年著有《石史》，其中记载有煤的性质和产地；古罗马大约在 2000 年前已开始用煤加热。

• 形成原因

煤炭是千百万年来植物的枝叶和根茎，在地面上堆积而成的一层极厚的黑色的腐植质，由于地壳的变动不断地埋入地下，长期与空气隔绝，并在高温高压下，经过一系列复杂的物理化学变化等因素，形成的黑色可燃沉积岩，这就是煤炭的形成过程。一座煤矿的煤层厚薄与这一地区的地壳下降速度及植物遗骸堆积的多少有关。地壳下降的速度快，植物遗骸堆积的厚，这座煤矿的煤层就厚，反之，地壳下降的速度缓慢，植物遗骸堆积的薄，这座煤矿的煤层就薄。

煤炭形成的地质

又由于地壳的构造运动使原来水平的煤层发生褶皱和断裂，有一些煤层埋到地下更深的地方，有的又被排挤到地表，甚至露出地面，比较容易被人们发现。还有一些煤层相对比较薄，而且面积也不大，所以没有开采价值，有关煤炭的形成至今尚未找到更新的说法。煤炭是这样形成的吗？有些论述是否应当进一步加以研究和探讨。一座大的煤矿，煤层很厚，煤质很优，但总的来说它的面积并不算很大。如果是

千百万年植物的枝叶和根茎自然堆积而成的，它的面积应当是很大的。因为在远古时期地球上到处都是森林和草原，因此，地下也应当到处有储存煤炭的痕迹；煤层也不一定很厚，因为植物的枝叶、根茎腐烂变成腐植质，又会被植物吸收，如此反复，最终被埋入地下时也不会那么集中，土层与煤层的界限也不会划分得那么清楚。但是，无可否认的事实和依据，煤炭千真万确是植物的残骸经过一系列的演变形成的，这是颠扑不破的真理，只要仔细观察一下煤块，就可以看到有植物的叶和根茎的痕迹；如果把煤切成薄片放到显微镜下观察，就能发现非常清楚的植物组织和构造，而且有时在煤层里还保存着像树干一类的东西，有的煤层里还包裹着完整的昆虫化石。在地表常温、常压下，由堆积在停滞水体中的植物遗体经泥炭化作用或腐泥化作用，转变成泥炭或腐泥；泥炭或腐泥被埋藏后，由于盆地基底下降而沉至地下深部，经成岩作用而转变成褐煤；当温度和压力逐渐增高，再经变质作用转变成烟煤至无烟煤。泥炭化作用是指高等植物遗体在沼泽中堆积经生物化学变化转变成泥炭的过程。腐泥化作用是指低等生物遗体在沼泽中经生物化学变化转变成腐泥的过程。腐泥是一种富含水和沥青质的淤泥状物质。冰川过程可能有助于成煤植物遗体汇集和保存。

43

孢子植物

• 煤的形成年代

在整个地质年代中，全球范围内有 3 个大的成煤期：

古生代的石炭纪和二叠纪，成煤植物主要是孢子植物。主要煤种为烟煤和无烟煤。

中生代的侏罗纪和白垩纪，成煤植物主要是裸子植物。主要煤种为褐煤和烟煤。

新生代的第三纪，成煤植物主要是被子植物。主要煤种为褐煤，其次为泥炭，也有部分年轻烟煤。

• 环境问题

煤在燃烧过程中产生烟气、尘粒可形成环境污染。其污染物可分为两类，即气溶胶状态污染物和气态污染物。烟尘属于前者。

煤炭在燃烧过程中经过 3 个阶段，首先是干燥挥发阶段，其次为燃烧阶段，最后为燃尽阶段，不同阶段需要不同的空气量，过大或过小的空气量都会使燃烧不完全，而使炭粒排入空中形成黑烟。煤中不可燃成分如灰分，燃烧中部分留于灰渣，

部分随烟气排入大气形成烟尘，不同灰分的煤其烟尘量也有很大差别。按烟尘粒径不同可分为降尘和飘尘，后者可以长期不降落且可输送距离更远。

烟尘可致人体呼吸道疾病，或作为其他污染物及细菌载体。还可影响植物生长及降低大气的能见度。防治方法是改进燃烧设备和燃烧方式，减少烟尘排放量，还要安装除尘装备，降低烟尘排放浓度。

• 开采造成的生态破坏

传统煤炭开采忽略其他共生、伴生矿物的开采、加工、利用，造成了资源的浪费。中国煤系共生、伴生 20 多种矿产，目前绝大多数没有利用，另外矿物的随意存放丢弃还会造成环境污染，破坏生态环境。

煤炭开采破坏了地壳内部原有的力学平衡状态。引起地表塌陷，原有生态系统受到破坏。这种破坏使原有土地的收益减少或丧失，同时也造成地表水利设施的破坏和生态环境恶化。

45

 低碳经济

　　低碳经济是指在可持续发展理念指导下，通过技术创新、制度创新、产业转型、新能源开发等多种手段，尽可能地减少煤炭石油等高碳能源消耗，减少温室气体排放，达到经济社会发展与生态环境保护双赢的一种经济发展形态。

　　低碳经济是以低能耗、低污染、低排放为基础的经济模式，是人类社会继农业文明、工业文明之后的又一次重大进步。低碳经济实质是能源高效利用、清洁能源开发、追求绿色 GDP 的问题，核心是能源技术和减排技术创新、产业结构和制度创新以及人类生存发展观念的根本性转变。

　　"低碳经济"提出的大背景，是全球气候变暖对人类生存和发展的严峻挑战。在此背景下，"碳足迹""低碳经济""低碳技术""低碳发展""低碳生活方式""低碳社会""低碳城市""低碳世界"等一系列新概念、新政策应运而生。

低碳城市

• 主要产地

在各大陆、大洋岛屿都有煤分布，但煤在全球的分布很不均衡，各个国家煤的储量也很不相同。中国、美国、俄罗斯、德国是煤炭储量丰富的国家，也是世界上主要产煤国，其中中国是世界上煤产量最高的国家。中国的煤炭资源在世界居于前列，仅次于美国和俄罗斯。

煤炭资源

关于煤的诗词

七律·咏煤炭

（明代）于谦

凿开混沌得乌金，藏蓄阳和意最深。

爝火燃回春浩浩，洪炉照破夜沉沉。

鼎彝元赖生成力，铁石犹存死后心。

但愿苍生俱饱暖，不辞辛苦出山林。

七绝·咏煤

（当代）左河水

亿年修炼作乌金，多少沧桑未动尊。

惟应人间求饱暖，一声呼啸化烟尘。

煤

（现代）朱自清

你在地下睡着，

好腌臜，黑暗！

看着的人怎样地憎你，怕你！

他们说：

"谁也不要靠近他呵！……"

一会你在火园中跳舞起来，

黑裸裸的身体里，

一阵阵透出赤和热。

啊！全是赤和热了，

美丽而光明！

他们忘记刚才的事，

都大张着笑口，

唱赞美你的歌，

又颠簸身子，

凑合你跳舞的节。

工业的血液——石油 ＞

化石

　　石油又称原油，是一种黏稠的、深褐色液体。地壳上层部分地区有石油储存。主要成分是各种烷烃、环烷烃、芳香烃的混合物。它是古代海洋或湖泊中的生物经过漫长的演化形成，属于化石燃料。石油主要被用来作为燃油和汽油，也是许多化学工业产品如溶液、化肥、杀虫剂和塑料等的原料。

　　石油的性质因产地而异，密度为0.8~1.0g/cm³，黏度范围很宽，凝固点差别很大（30℃ ～-60℃），沸点范围为常温到500℃以上，可溶于多种有机溶剂，不

石油

溶于水，但可与水形成乳状液。不过不同油田的石油成分和外貌可以区分很大。石油主要被用作燃油和汽油，燃料油和汽油组成目前世界上最重要的一次能源之一。今天开采的石油88%被用作燃料，其他12%作为化工业的原料。由于石油是一种不可再生原料，许多人担心石油用尽会对人类带来的后果。

49

• 石油颜色

　　原油的颜色非常丰富，有红、金黄、墨绿、黑、褐红，甚至透明；原油的颜色是它本身所含胶质、沥青质的含量，含量越高颜色越深。我国四川黄瓜山和华北大港油田有的井产无色石油，克拉玛依石油呈褐至黑色，大庆、胜利、玉门石油均为黑色。无色石油在美国加利福尼亚、原苏联巴库、罗马尼亚和印尼的苏门答腊均有产出。无色石油的形成，可能同运移过程中，带色的胶质和沥青质被岩石吸附有关。但是不同程度的深色石油占绝对多数，几乎遍布于世界各大含油气盆地。

• 主要成分

　　原油的成分主要有：油质（这是其主要成分）、胶质（一种黏性的半固体物质）、沥青质（暗褐色或黑色脆性固体物质）、碳质（一种非碳氢化合物）。石油由碳氢化合物为主混合而成的，具有特殊气味的、有色的可燃性油质液体。在整个的石油系统中分工也是比较细的：构成石油的化学物质，用蒸馏能分解。原油作为加工的产品，有煤油、苯、汽油、石蜡、沥青等。严格地说，石油以氢与碳构成的烃类为主要成分。分子量最小的 4 种烃，全都是煤气。

克拉玛依石油

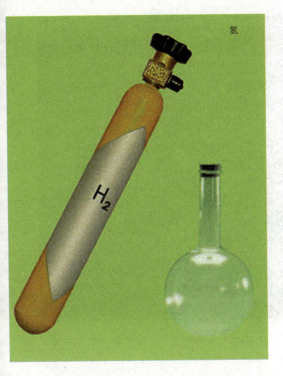

氢

• 化学成分

石油主要是碳氢化合物。它由不同的碳氢化合物混合组成,组成石油的化学元素主要是碳(83%~87%)、氢(11%~14%),其余为硫(0.06%~0.8%)、氮(0.02%~1.7%)、氧(0.08%~1.82%)及微量金属元素(镍、钒、铁、锑等)。由碳和氢化合形成的烃类构成石油的主要组成部分,约占95%~99%,各种烃类按其结构分为:烷烃、环烷烃、芳香烃。一般天然石油不含烯烃,而二次加工产物中常含有数量不等的烯烃和炔烃。含硫、氧、氮的化合物对石油产品有害,在石油加工中应尽量除去。

• 使用历程

早在公元前10世纪之前,古埃及、古巴比伦和印度等文明古国已经采集天然沥青,用于建筑、防腐、黏合、装饰、制药,古埃及人甚至能估算油苗中渗出石油的数量。楔形文字中也有关于在死海沿岸采集天然石油的记载。"它黏结起杰里科和巴比伦的高墙,诺亚方舟和摩西的筐篓可能按当时的习惯用沥青砌缝防水"。

公元5世纪,在波斯帝国的首都苏萨附近出现了人类用手工挖成的石油井。最早把石油用于战争也在中东。《石油、金钱、权力》一书中说,荷马的名著《伊里亚特》中叙述了"特洛伊人不停地将火投上快船,那船登时升起难以扑灭的火焰"。当波斯

硫

51

原油

国王塞琉斯准备夺取巴比伦时，有人提醒他巴比伦人有可能进行巷战。塞琉斯说可以用火攻。"我们有许多沥青和碎麻，可以很快把火引向四处，那些在房顶上的人要么迅速离开，要么被火吞噬。"

公元7世纪，拜占庭人用原油和石灰混合，点燃后用弓箭远射，或用手投掷，以攻击敌人的船只。阿塞拜疆的巴库地区有丰富的油苗和气苗。这里的居民很早就从油苗处采集原油作为燃料，也用于医治骆驼的皮肤病。1937年，这里有52个人工挖的采油坑，1827年增加到82个，不过产量很小。

欧洲从德国的巴伐利亚、意大利的西西里岛和波河河谷，到波兰的加利西亚、罗马尼亚，中世纪以来，人们就有关于石油从地面渗出的记载。并且把原油当作"万能药"。加利西亚、罗马尼亚等地的农民，早就挖井采油。最早从原油中提炼出煤油用作照明的不是美国人，而是欧洲人。19世纪40-50年代，利沃夫的一位药剂师在一位铁匠帮助下，做出了煤油灯。1854年，灯用煤油已经成为维也纳市场上的商品。1859年，欧洲开采了36000桶原油，主要产自加利西亚和罗马尼亚。

中国宋朝的的沈括在书中读到过"高奴有洧水，可燃"这句话，觉得很奇怪，"水"怎么可能燃烧呢？他决定进行实地考察。考察中，沈括发现了一种褐色液体，当地人叫它"石漆""石脂"，用它烧火做饭、点灯和取暖。沈括弄清楚这种液体的性质和用途，给它取了一个新名字，叫石油，并动员老百姓推广使用，从而减少砍伐

沈括

树木。沈括在其著作《梦溪笔谈》中写道："鄜、延境内有石油……颇似淳漆，燃之如麻，但烟甚浓，所沾幄幕甚黑……此物后必大行于世，自余始为之。盖石油至多，生于地中无穷，不若松木有时而竭。"沈括发现了石油，并且预言"此物后必大行于世"，是非常难得的。

中国也是世界上最早发现和利用石油的国家之一。东汉的班固（公元 32~92 年）所著《汉书》中记载了"高奴有洧水可燃"。高奴在现在的陕西延长附近，洧水是延河的支流。"水上有肥，可接取用之"（见北魏郦道元的《水经注》）。这里的"肥"就是指的石油。到公元 863 年前后，唐朝段成式的《酉阳杂俎》记载了"高奴县石脂水，水腻浮水上，如漆，采以燃灯，极明"。西晋《博物志》（成书于 267 年）《水经注》都记载了"甘肃酒泉延寿县南山出泉水，"水

有肥，如肉汁，取著器中，始黄后黑，如凝膏，燃极明，与膏无异，膏与水碓缸甚佳，彼方人谓之石漆"。

宋朝的沈括在《梦溪笔谈》中，首次把这种天然矿物称为"石油"，指出"石油至多，生于地中无穷"。他试着用原油燃烧生成的煤烟制墨，"黑光如漆，松墨不及也"。沈括并且预言："此物后必大行于世"。他已经预见石油将来大有用途。

到了元朝，《元一统志》记述"延长县南迎河有凿开石油一井，拾斤，其油可燃，兼治六畜疥癣，岁纳壹佰壹拾斤。又延川县西北八十里永平村有一井，岁纳四百斤，入路之延丰库"。还说，"石油，在宜君县西二十里姚曲村石井中，汲水澄而取之，气虽臭而味可疗驼马羊牛疥癣。"说明约 800 年前，陕北已经正式手工挖井采油，其用途已扩大到治疗牲畜皮肤病，而且由官方收购入库。

东汉的班固

• 现代石油

现代石油历史始于 1846 年。当时，在加拿大大西洋省区南海蕴藏丰富石油天然气资源，当地居民亚布拉罕·季斯纳发明了从煤中提取煤油的方法。1852 年波兰人依格纳茨·卢卡西维茨发明了使用更易获得的石油提取煤油的方法。次年波兰南部克洛斯诺附近开辟了第一座现代的油矿。这些发明很快就在全世界普及开来了。1861 年在巴库建立了世界上第一座炼油厂。当时巴库出产世界上 90% 的石油。后来斯大林格勒战役就是为夺取巴库油田而展开的。

19 世纪石油工业的发展缓慢，提炼的石油主要是用来作为油灯的燃料。20 世纪初随着内燃机的发明情况骤变，至今为止石油是最重要的内燃机燃料。尤其在美国得克萨斯州、俄克拉荷马州和加利福尼亚州的油田发现导致"淘金热"一般的形势。

1910 年在加拿大（尤其是在艾伯塔）、荷属东印度、波斯、秘鲁、委内瑞拉和墨西哥发现了新的油田。这些油田全部被工业化开发。

直到 20 世纪 50 年代中为止，煤依然是世界上最重要的燃料，但石油的消耗量增长迅速。1973 年能源危机和 1979 年能源危机爆发后媒介开始注重对石油

炼油厂

提供程度进行报道。这也使人们意识到石油是一种有限的原料，最后会耗尽。不过至今为止所有关于石油即将用尽的预言都没有实现，所以也有人对这个讨论表示不以为然。石油的未来至今还无定论。2004年《今日美国》的新闻报道说地下的石油还够用40年。有些人认为，由于石油的总量是有限的，因此1970年代预言的耗尽今天虽然没有发生，但是这不过是被延迟而已。也有人认为随着技术的发展，人类还能够找到足够便宜的碳氢化合物的来源的。地球上还有大量焦油砂、沥青和油母页岩等石油储藏，它们足以提供未来的石油来源。目前已经发现的加拿大的焦油砂和美国的油母页岩就含有相当于所有目前已知的油田的石油。

今天90%的运输能量是依靠石油获得的。石油运输方便、能量密度高，因此是最重要的运输驱动能源。此外它是许多工业化学产品的原料，因此它是目前世界上最重要的商品之一。在许多军事冲突（包括第二次世界大战和海湾战争）中，占据石油资源是一个重要因素。

• 分布地区

原油的分布从总体上来看极端不平衡：从东西半球来看，约3/4的石油资源集中于东半球，西半球占1/4；从南北半

波斯湾大油区

清洁高效的天然气 〉

天然气是一种多组分的混合气态化石燃料，主要成分是烷烃，其中甲烷占绝大多数，另有少量的乙烷、丙烷和丁烷。它主要存在于油田、气田、煤层和页岩层。天然气燃烧后无废渣、废水产生，相较煤炭、石油等能源有使用安全、热值高、洁净等优势。天然气又可分为伴生气和非伴生气两种。伴随原油共生，与原油同时被采出的油田气叫伴生气；非伴生气包括纯气田天然气和凝析气田天然气两种，在地层中都以气态存在。凝析气田天然气从地层流出井口后，随着压力的下降和温度的升高，分离为气液两相，气相是凝析气田天然气，液相是凝析液，叫凝析油。

凝析油

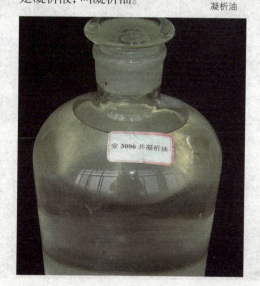

球看，石油资源主要集中于北半球；从纬度分布看，主要集中在北纬 20°~40° 和 50°~70° 两个纬度带内。波斯湾及墨西哥湾两大油区和北非油田均处于北纬 20°~40° 内，该带集中了 51.3% 的世界石油储量；50°~70° 纬度带内有著名的北海油田、俄罗斯伏尔加及西伯利亚油田和阿拉斯加湾油区。约 80% 可以开采的石油储藏位于中东，其中 62.5% 位于沙特阿拉伯、阿拉伯联合酋长国、伊拉克、卡塔尔和科威特。

煤矿天然气

依天然气蕴藏状态，又分为构造性天然气、水溶性天然气、煤矿天然气等3种。而构造性天然气又可分为伴随原油出产的湿性天然气、不含液体成分的干性天然气。

天然气燃料是各种替代燃料中最早广泛使用的一种，它分为压缩天然气（CNG）和液化天然气（LNG）两种。作为汽车燃料，天然气具有单位热值高、排气污染小、供应可靠、价格低等优点，已成为世界车用清洁燃料的发展方向，而天然气汽车则已成为发展最快、使用量最多的新能源汽车。国际天然气汽车组织的统计显示，天然气汽车的年均增长速度为20.8%，全世界共有大约1270万辆使用天然气的车辆，2020年总量将达7000万辆，其中大部分是压缩天然气汽车。

• 形成原因

天然气与石油生成过程既有联系又有区别：石油主要形成于深成作用阶段，由催化裂解作用引起，而天然气的形成则贯穿于成岩、深成、后成直至变质作用的始终；与石油的生成相比，无论是原始物质还是生成环境，天然气的生成都更广泛、更迅速、更容易，各种类型的有机质都可形成天然气——腐泥型有机质则既生油又生气，腐殖型有机质主要生成气态烃。因此天然气的成因是多种多样的。归纳起来，天然气的成因可分为生物成因气、油型气和煤型气。无机成因气尤其是非烃气受到高度重视。

天然气的形成

天然气绿色环保

• 使用优点

　　天然气是较为安全的燃气之一，它不含一氧化碳，也比空气轻，一旦泄漏，立即会向上扩散，不易积聚形成爆炸性气体，安全性较高。采用天然气作为能源，可减少煤和石油的用量，因而大大改善环境污染问题；天然气作为一种清洁能源，能减少二氧化硫和粉尘排放量近100%，减少二氧化碳排放量60%和氮氧化合物排放量50%，并有助于减少酸雨形成，舒缓地球温室效应，从根本上改善环境质量。但是，对于温室效应，天然气跟煤炭、石油一样会产生二氧化碳。因此，不能把天然气当作新能源。其优点有：

• 绿色环保

　　天然气是一种洁净环保的优质能源，几乎不含硫、粉尘和其他有害物质，燃烧时产生二氧化碳少于其他化石燃料，造成温室效应较低，因而能从根本上改善环境质量。

• 经济实惠

　　天然气与人工煤气相比，同比热值价格相当，并且天然气清洁干净，能延长灶具的使用寿命，也有利于用户减少维修费用的支出。天然气是洁净燃气，供应稳定，能够改善空气质量，因而能为经济发展提供新的动力，带动经济繁荣及改善环境。

核裂变能

• 安全可靠

天然气无毒，易散发，比重轻于空气，不宜积聚成爆炸性气体，是较为安全的燃气。

• 改善生活

随着家庭使用安全、可靠的天然气，将会极大改善家居环境，提高生活质量。

天然气耗氧情况计算：1立方米天然气（纯度按100%计算）完全燃烧约需2.0立方米氧气，大约需要10立方米的空气。

天然气

让人们又爱又恨的核能 〉

核能，是核裂变能的简称。70多年以前，科学家在一次试验中发现铀-235原子核在吸收一个中子以后能分裂，在放出2~3个中子的同时伴随着一种巨大的能量，这种能量比化学反应所释放的能量大得多，这就是我们今天所说的核能。核能的获得途径主要有两种，即重核裂变与轻核聚变。核聚变要比核裂变释放出更多的能量。例如相同数量的氚和铀-235分别进行聚变和裂变，前者所释放的能量约为后者的3倍多。被人们所熟悉的原子弹、核电站、核反应堆等等都利用了核裂变的原理。只是实现核聚变的条件要求较高，即需要使氢核处于6000℃以上的高温才能使相当的核具有动能实现聚合反应。

• 发展简史

核能是人类历史上的一项伟大发现，这离不开早期西方科学家的探索发现，他们为核能的应用奠定了基础。

19 世纪末，英国物理学家汤姆逊发现了电子。

1895 年德国物理学家伦琴发现了 X 射线。

1896 年法国物理学家贝克勒尔发现了放射性。

1898 年居里夫人与居里先生发现新的放射性元素钋。

1902 年居里夫人经过 3 年又 9 个月的艰苦努力又发现了放射性元素镭。

1905 年爱因斯坦提出质能转换公式。

1914 年英国物理学家卢瑟福通过实验，确定氢原子核是一个正电荷单元，称为质子。

1935 年英国物理学家查得威克发现了中子。

1938 年德国科学家奥托·哈恩用中子轰击铀原子核，发现了核裂变现象。

1942 年 12 月 2 日美国芝加哥大学成功启动了世界上第一座核反应堆。

1945 年 8 月 6 日和 9 日美国将两

核能

核能发电

颗原子弹先后投在了日本的广岛和长崎。

　　1954 年苏联建成了世界上第一座核电站——奥布灵斯克核电站。

　　在 1945 年之前，人类在能源利用领域只涉及到物理变化和化学变化。二战时，原子弹诞生了。人类开始将核能运用于军事、能源、工业、航天等领域。美国、苏联、英国、法国、中国、日本、以色列等国相继展开对核能应用前景的研究。

• 核能发电

　　利用核反应堆中核裂变所释放出的热能进行发电的方式。它与火力发电极其相似。只是以核反应堆及蒸汽发生器来代替火力发电的锅炉，以核裂变能代替矿物燃料的化学能。除沸水堆外，其他类型的动力堆都是一回路的冷却剂通过堆心加热，在蒸汽发生器中将热量传给二回路或三回路的水，然后形成蒸汽推动汽轮发电机。沸水堆则是一回路的冷却剂通过堆心加热变成 70 个大气压左右的过饱和蒸汽，经汽水分离并干燥后直接推动汽轮发电机。

　　核能发电利用铀燃料进行核分裂连锁反应所产生的热，将水加热成高温高压，利用产生的水蒸气推动蒸汽轮机并带动发电机。核反应所放出的热量较燃烧化石燃料所放出的能量要高很多（相差约百万倍），比较起来所需要的燃料

61

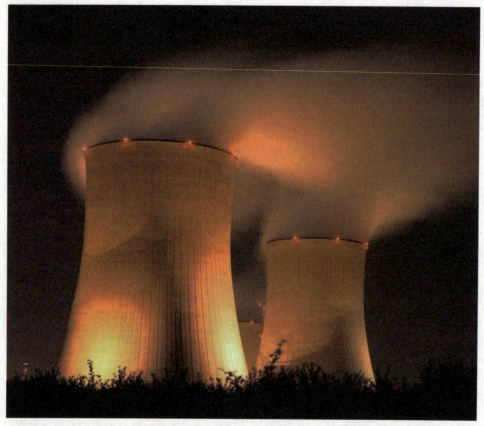

核电站

体积比火力电厂少相当多。核能发电所使用的铀－235 纯度只约占 3%~4%，其余皆为无法产生核分裂的铀－238。

举例而言，核电厂每年要用掉 80 吨的核燃料，只要 2 个标准货柜就可以运载。如果换成燃煤，需要 515 万吨，每天要用 20 吨的大卡车运 705 车才够。如果使用天然气，需要 143 万吨，相当于每天烧掉 20 万桶家用瓦斯。

• 发展进程

第一代核电站。核电站的开发与建设开始于 20 世纪 50 年代。1954 年苏联建成发电功率为 5 兆瓦的实验性核电站；1957 年，美国建成发电功率为 9 万千瓦的 Ship Ping Port 原型核电站。这些成就证明了利用核能发电的技术可行性。国际上把上述实验性的原型核电机组称为第一代核电机组。

第二代核电站。20 世纪 60 年代后期，在实验性和原型核电机组基础上，陆续建成发电功率 30 万千瓦的压水堆、沸水堆、重水堆、石墨水冷堆等核电机组，他们在进一步证明核能发电技术可行性的同时，使核电的经济性也得以证明。目前，世界上商业运行的 400 多座核电机组绝大部分是在这一时期建成的，习惯上称为第二代核电机组。

第三代核电站。20 世纪 90 年代，为了消除三里岛和切尔诺贝利核电站事故的负面影响，世界核电业界集中力量对严重事故的预防和缓解进行了研究和攻关，美国和欧洲先后出台了《先进轻水堆用户要求文件》，即 URD 文件和《欧洲用户对轻水堆核电站的要求》，即 EUR 文件，进一步明确了预防与缓解严重事故、提高安全可靠性等方面的要求。国际上通常把满足 URD 文件或 EUR 文件的核电机组称为第三代核电机组。

第四代核电站。2000 年 1 月，在美国能源部的倡议下，美国、英国、瑞士、南非、日本、法国、加拿大、巴西、韩国和阿根廷共 10 个有意发展核能的国家，联合组成了"第四代国际核能论坛"，并于 2001 年 7 月签署了合约，约定共同合作研究开发第四代核能技术。

• 优点

1. 核能发电不像化石燃料发电那样排放巨量的污染物质到大气中，因此核能发电不会造成空气污染。

2. 核能发电不会产生加重地球温室效应的二氧化碳。

3. 核能发电所使用的铀燃料，除了发电外，暂时没有其他的用途。

4. 核燃料能量密度比起化石燃料高上几百万倍，故核能电厂所使用的燃料体积小，运输与储存都很方便，一座 1000 百万瓦的核能电厂一年只需 30 吨的铀燃料，一航次的飞机就可以完成运送。

5. 核能发电的成本中，燃料费用所占的比例较低，核能发电的成本较不易受到国际经济形势影响，故发电成本较其他发电方法稳定。

核能发电

• 核能知识

世界上的一切物质都是由带正电的原子核和绕原子核旋转的带负电的电子构成的。原子核包括质子和中子，质子数决定了该原子属于何种元素，原子的质量数等于质子数和中子数之和。如一个铀-235原子是由原子核（由92个质子和143个中子组成）和92个电子构成的。如果把原子看作是我们生活的地球，那么原子核就相当于一个乒乓球的大小。虽然原子核的体积很小，但在一定条件下它却能释放出惊人的能量。

同位素

质子数相同而中子数不同或者说原子序数相同而原子质量数不同的一些原子被称为同位素，它们在化学元素周期表上占据同一个位置。简单地说，同位素就是指某个元素的各种原子，它们具有相同的化学性质。按质量不同通常可以分为重同位素和轻同位素。

铀同位素

铀是自然界中原子序数最大的元素。天然铀的同位素主要是铀-238和铀-235，它们所占的比例分别为99.3%和0.7%。除此之外，自然界中还有微量的铀-234。铀-235原子核完全裂变放出的能量是同量煤完全燃烧放出能量的270万倍。

• 缺点

1. 核能电厂会产生高低阶放射性废料，或者是使用过之核燃料，虽然所占体积不大，但因具有放射性，故必须慎重处理，且需面对相当大的政治困扰。

2. 核能发电厂热效率较低，因而比一般化石燃料电厂排放更多废热到环境里，故核能电厂的热污染较严重。

3. 核能电厂投资成本太大，电力公司的财务风险较高。

4. 核能电厂较不适宜做尖峰、离峰之随载运转。

5. 兴建核电厂较易引发政治歧见纷争。

6. 核电厂的反应器内有大量的放射性物质，如果在事故中释放到外界环境，会对生态及民众造成伤害。

煤炭

传统能源带来的环境问题 ＞

传统能源的大量消耗带来了环境问题

• 温室效应

温室效应是由于大气里温室气体（二氧化碳、甲烷等）含量增大而形成的。石油和煤炭燃烧时产生二氧化碳。

• 酸雨

大气中酸性污染物质，如二氧化硫、二氧化碳、氢氧化物等，在降水过程中溶入雨水，使其成为酸雨。煤炭中含有较多的硫，燃烧时产生二氧化硫等物质。

• 光化学烟雾

氮氧化合物和碳氢化合物在大气中受到阳光中强烈的紫外线照射后产生的二次污染物质——光化学烟雾，主要成分是臭氧。

另外，常规能源燃烧时产生的浮尘也是一种污染。

传统能源的大量消耗所带来的环境污染既损害人体健康，又影响动植物的生长，破坏经济资源，损坏建筑物及文物古迹，严重时可改变大气的性质，使生态受到破坏。

烟雾

NENG YUAN DE LI LIANG

● 新能源知多少

新能源是指在新技术基础上，系统地开发利用的可再生能源。如太阳能、风能、生物质能、地热能、海洋能、氢能等。

太阳能 >

太阳能（Solar Energy）一般是指太阳光的辐射能量，在现代一般用作发电。自地球形成生物就主要以太阳提供的热和光生存，而自古人类也懂得以阳光晒干物件，并作为保存食物的方法，如制盐和晒咸鱼等。但在化石燃料减少下，才有意把太阳能进一步发展。太阳能的利用有被动式利用（光热转换）和光电转换两种方式。太阳能发电是一种新兴的可再生能源。

人类所需能量的绝大部分直接或间接地来自太阳。植物通过光合作用释放氧气、吸收二氧化碳，并把太阳能转变成化学能在植物体内贮存下来。煤炭、石油、天然气等化石燃料也是由古代埋在地下的动植物经过漫长的地质年代演变形成的。地球本身蕴藏的能量通常指与地球内部的热能有关的能源和与原子核反应有关的能源。

能源的力量

• 技术原理

目前，太阳能的利用还不是很普及，利用太阳能发电还存在成本高、转换效率低的问题，但是太阳能电池在为人造卫星提供能源方面得到了应用。太阳能是太阳内部或者表面的黑子连续不断的核聚变反应过程产生的能量。地球轨道上的平均太阳辐射强度为 $1369w/m^2$。地球赤道的周长为 40 000km，从而可计算出，地球获得的能量可达 173 000TW。在海平面上的标准峰值强度为 $1kw/m^2$，地球表面某一点 24h 的年平均辐射强度为 $0.20kw/m^2$，相当于有 102 000TW 的能量，人类依赖这些能量维持生存，其中包括所有其他形式的可再生能源（地热能资源除外），虽然太阳能资源总量相当于现在人类所利用的能源的 1 万多倍，但太阳能的能量密度低，而且它因地而异，因时而变，这是开

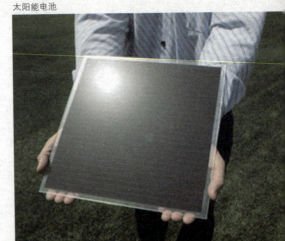

太阳能电池

发利用太阳能面临的主要问题。太阳能的这些特点会使它在整个综合能源体系中的作用受到一定的限制。尽管太阳辐射到地球大气层的能量仅为其总辐射能量的 22 亿分之一，但已高达 173 000TW，也就是说，太阳每秒钟照射到地球上的能量就相当于 500 万吨煤，每秒照射到地球的能量则为 499.4 亿焦。地球上的风能、水能、海洋温差能、波浪能和生物质能都是来源于太阳；地球上的化石燃料（如煤、石油、天然气等）从根本上说也是远古以来贮存下来的

太阳能电池

太阳能，所以广义的太阳能所包括的范围非常大，狭义的太阳能则限于太阳辐射能的光热、光电和光化学的直接转换。

太阳能既是一次能源，又是可再生能源。它资源丰富，既可免费使用，又无需运输，对环境无任何污染。为人类创造了一种新的生活形态，使社会及人类进入一个节约能源、减少污染的时代。

太阳光普照大地

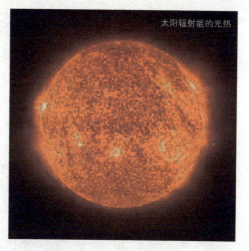

太阳辐射能的光热

- 利弊分析

- **优点**

普遍：太阳光普照大地，没有地域的限制无论陆地或海洋，无论高山或岛屿，处处皆有，可直接开发和利用，且无须开采和运输。

无害：开发利用太阳能不会污染环境，它是最清洁能源之一，在环境污染越来越严重的今天，这一点是极其宝贵的。

巨大：每年到达地球表面上的太阳辐射能约相当于 130 万亿吨煤，其总量属现今世界上可以开发的最大能源。

长久：根据目前太阳产生的核能速率估算，氢的贮量足够维持上百亿年，而地球的寿命也约为几十亿年，从这个意义上讲，可以说太阳的能量是用之不竭的。

- **缺点**

分散性：到达地球表面的太阳辐射的总量尽管很大，但是能流密度很低。平

均说来，北回归线附近，夏季在天气较为晴朗的情况下，正午时太阳辐射的辐照度最大，在垂直于太阳光方向 1 平方米面积上接收到的太阳能平均有 1000W 左右；若按全年日夜平均，则只有 200W 左右。而在冬季大致只有一半，阴天一般只有 1/5 左右，这样的能流密度是很低的。因此，在利用太阳能时，想要得到一定的转换功率，往往需要面积相当大的一套收集和转换设备，造价较高。

不稳定性：由于受到昼夜、季节、地理纬度和海拔高度等自然条件的限制以及晴、阴、云、雨等随机因素的影响，所以，到达某一地面的太阳辐照度既是间断的，又是极不稳定的，这给太阳能的大规模应用增加了难度。为了使太阳能成为连续、稳定的能源，从而最终成为能够与常规能源相竞争的替代能源，就必须很好地解决蓄能问题，即把晴朗白天的太阳辐射能尽量贮存起来，以供夜间或阴雨天使用，但目前蓄能也是太阳能利用中较为薄弱的环节之一。

效率低和成本高：目前太阳能利用的发展水平，有些方面在理论上是可行的，技术上也是成熟的。但有的太阳能利用装置，因为效率偏低，成本较高，总的来说，经济性还不能与常规能源竞争。在今后相当长一段时期内，太阳能利用的进一步发展，主要受到经济性的制约。

太阳能动力装置

海洋能 〉

海洋能指依附在海水中的可再生能源，海洋通过各种物理过程接收、储存和散发能量，这些能量以潮汐、波浪、温度差、盐度梯度、海流等形式存在于海洋之中。地球表面积约为$5.1 \times 10^8 km^2$，其中陆地表面积为$1.49 \times 10^8 km^2$，占29%；海洋面积达$3.61 \times 10^8 km^2$，以海平面计，全部陆地的平均海拔约为840m，而海洋的平均深度却为380m，整个海水的容积多达$1.37 \times 10^9 km^3$。一望无际的大海，不仅为人类提供航运、水源和丰富的矿藏，而且还蕴藏着巨大的能量，它将太阳能以及派生的风能等以热能、机械能等形式蓄在海水里，不像在陆地和空中那样容易散失。

海洋能

• 开发历史

据记载，人类利用太阳能已有3000多年的历史，而将太阳能作为一种能源和动力加以利用，只有300多年的历史。真正将太阳能作为"近期急需的补充能源"，"未来能源结构的基础"则是近来的事。20世纪70年代以来，太阳能科技突飞猛进，太阳能利用日新月异。近代太阳能利用历史可以从1615年法国工程师所罗门·德·考克斯在世界上发明第一台太阳能驱动的发动机算起。该发明是一台利用太阳能加热空气使其膨胀做功而抽水的机器。在1615年~1900年之间，世界上又研制成多台太阳能动力装置和一些其他太阳能装置。这些动力装置几乎全部采用聚光方式采集阳光，发动机功率不大，工质主要是水蒸气，价格昂贵，实用价值不大，大部分为太阳能爱好者个人研究制造。

NENG YUAN DE LI LIANG

● 海洋能的特点

1. 海洋能在海洋总水体中的蕴藏量巨大，而单位体积、单位面积、单位长度所拥有的能量较小。这就是说，要想得到大能量，就得从大量的海水中获得。

2. 海洋能具有可再生性。海洋能来源于太阳辐射能与天体间的万有引力，只要太阳、月球等天体与地球共存，这种能源就会再生，就会取之不尽，用之不竭。

3. 海洋能有较稳定与不稳定能源之分。较稳定的为温度差能、盐度差能和海流能。不稳定能源分为变化有规律与变化无规律两种。属于不稳定但变化有规律的有潮汐能与潮流能。人们根据潮汐潮流变化规律，编制出各地逐日逐时的潮汐与潮流预报，预测未来各个时间的潮汐大小与潮流强弱。潮汐电站与潮流电站可根据预报表安排发电运行。既不稳定又无规律的是波浪能。

4. 海洋能属于清洁能源，也就是海洋能一旦开发后，其本身对环境污染影响很小。

● 蕴藏量

各种海洋能的蕴藏量是非常巨大的，据估计有780多亿千瓦，其中波浪能700亿千瓦，潮汐能30亿千瓦，温度差能20亿千瓦，海流能10亿千瓦，盐度差能10亿千瓦。科学家曾作过计算，沿岸各国尚未被利用的潮汐能要比目前世界全部的水力发电量大一倍。如果将波浪的能量转换为可利用的能源，那真是一种理想的巨大能源。沿海各国，特别是美国、俄罗斯、日本、法国等国都非常重视海洋能的开发。从各国的情况看，潮汐发电技术比较成熟。利用波能、盐度差能、温度差能等海洋能进行发电还不成熟，目前仍处于研究试验阶段。

• 海洋能的优缺点

海洋能缺点：获取能量的最佳手段尚无共识，大型项目可能会破坏自然水流、潮汐和生态系统。

海洋能优点：取之不竭的可再生资源，潮汐能源有规律可循，开发规模大小均可。

其他海洋能均来源于太阳辐射，海洋面积占地球总面积的71%，太阳到达地球的能量，大部分落在海洋上空和海水中，部分转化成各种形式的海洋能。

潮汐能的主要利用方式为发电，目前世界上最大的潮汐电站是法国的朗斯

• 能量形式

• 潮汐能

因月球引力的变化引起潮汐现象，潮汐导致海水平面周期性地升降，因海水涨落及潮水流动所产生的能量成为潮汐能。

潮汐与潮流能来源于月球、太阳引力，

潮汐电站，我国的江夏潮汐实验电站为国内最大。

• 波浪能

波浪能是指海洋表面波浪所具有的动能和势能，是一种在风的作用下产生的、并以位能和动能的形式由短周期波储存的机械能。波浪的能量与波高的平

方、波浪的运动周期以及迎波面的宽度成正比。波浪能是海洋能源中能量最不稳定的一种能源。

波浪发电是波浪能利用的主要方式，此外，波浪能还可以用于抽水、供热、海水淡化以及制氢等。

• 海水温差能

海水温差能是指涵养表层海水和深层海水之间水温差的热能，是海洋能的一种重要形式。低纬度的海面水温较高，与深层冷水存在温度差，而储存着温差热能，其能量与温差的大小和水量成正比。

温差能的主要利用方式为发电，首次提出利用海水温差发电设想的是法国物理学家阿松瓦尔，1926 年，阿松瓦尔的学生克劳德试验成功海水温差发电。1930年，克劳德在古巴海滨建造了世界上第一座海水温差发电站，获得了10kW 的功率。

温差能利用的最大困难是温差大小，能量密度低，其效率仅有 3% 左右，而且换热面积大，建设费用高，目前各国仍在积极探索中。

• 盐差能

盐差能是指海水和淡水之间或两种含盐浓度不同的海水之间的化学电位差能，是以化学能形态出现的海洋能。主要存在于河海交接处。同时，淡水丰富地区的盐湖和地下盐矿也可以利用盐差能。盐差能是海洋能中能量密度最大的一种可再生能源。

据估计，世界各河流入海口区域的盐差能达 30TW，可能利用的有 2.6TW。我

海水温差发电

国的盐差能估计为 1.1×10^8 kW，主要集中在各大江河的入海处，同时，我国青海省等地还有不少内陆盐湖可以利用。盐差能的研究以美国、以色列的研究为先，中国、瑞典和日本等也开展了一些研究。但总体上，对盐差能这种新能源的研究还处于实验室实验水平，离示范应用还有较长的距离。

盐湖

率密度最大的地区之一，其中辽宁、山东、浙江、福建和台湾沿海的海流能较为丰富，不少水道的能量密度为 15-30kW/m^2，具有良好的开发价值。特别是浙江的舟山群岛的金塘、龟山和西候门水道，平均功率密度在 20kW/m^2 以上，开发环境和条件很好。

海洋能潮汐

• 海流能

海流能是指海水流动的动能，主要是指海底水道和海峡中较为稳定的流动以及由于海洋能潮汐导致的有规律的海水流动所产生的能量，是另一种以动能形态出现的海洋能。

海流能的利用方式主要是发电，其原理和风力发电相似。全世界海流能的理论估算值约为 10^8 kW 量级。利用中国沿海130个水道、航门的各种观测及分析资料，计算统计获得中国沿海海流能的年平均功率理论值约为 1.4×10^7 kW。属于世界上功

• 近海风能

近海风能是风能地球表面大量空气流动所产生的动能。在海洋上，风力比陆地上更加强劲，方向也更加单一，据专家估测，一台同样功率的海洋风电机在一年内的产电量，能比陆地风电机提高 70%。风能发电的原理：风力作用在叶轮上，将动能转换成机械能，从而推动叶轮旋转，再通过增速机将旋转的速度提升，来促使发电机发电。我国近海风能资源是陆上风能资源的 3 倍，可开发和利用的风能储量有 7.5 亿 kW。长江到南澳岛之间的东南

能源的力量

生物能源 〉

生物能源既不同于常规的矿物能源，又有别于其他新能源，兼有两者的特点和优势，是人类最主要的可再生能源之一。

生物质包括植物、动物及其排泄物、垃圾及有机废水等几大类。从广义上讲，生物质是植物通过光合作用生成的有机物，它的能量最初来源于太阳能，所以生物质能是太阳能的一种。

沿海及其岛屿是我国最大风能资源区以及风能资源丰富区。资源丰富区有山东、辽东半岛、黄海之滨，南澳岛以西的南海沿海、海南岛和南海诸岛。

生物质是太阳能最主要的吸收器和储存器。太阳能照射到地球后，一部分转化为热能，一部分被植物吸收，转化为生物质能；由于转化为热能的太阳能能量密度很低，不容易收集，只有少量能被人类利用，其他大部分存于大气和地球中的其他物质中；生物质通过光合作用，能够把太阳能富集起来，储存在有机物中，这些能量是人类发展所需能源的源泉和基础。基于这一独特的形成过程，生物质能既不同于常规的矿物能源，又有别于其他新能源，兼有两者的特点和优势，是人类最主要的可再生能源之一。

• 面临的问题

很多海洋能至今没被利用的原因主要有两方面：经济效益差，成本高；一些技术问题还没有过关。尽管如此，不少国家一面组织研究解决这些问题，一面在制定宏伟的海洋能利用规划。如法国计划到本世纪末利用潮汐能发电350亿千瓦时，英国准备修建一座100万千瓦的波浪能发电站，美国要在东海岸建造500座海洋热能发电站。从发展趋势来看，海洋能必将成为沿海国家，特别是发达的沿海国家的重要能源之一。

76

NENG YUAN DE LI LIANG

• 生物质分类

生物质具体的种类很多，植物类中最主要也是我们经常见到的有木材、农作物（秸秆、稻草、麦秆、豆秆、棉花秆、谷壳等）、杂草、藻类等。非植物类中主要有动物粪便、动物尸体、废水中的有机成分、垃圾中的有机成分等。

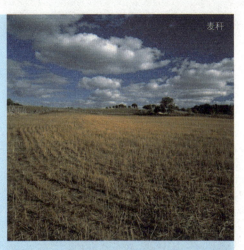

麦秆

稻草

既可以替代石油、煤炭和天然气，也可以供热和发电。

生物燃料是原料上的多样性。生物燃料可以利用作物秸秆、林业加工剩余物、畜禽粪便、食品加工业的有机废水废渣、城市垃圾，还可利用低质土地种植各种各样的能源植物。

生物燃料的"物质性"，可以像石油和煤炭那样生产塑料、纤维等各种材料以及化工原料等物质性的产品，形成庞大的生物化工生产体系。这是其他可再生能源和新能源不可能做到的。

生物燃料的"可循环性"和"环保性"。生物燃料是在农林和城乡有机废弃物的无害化和资源化过程中生产出来的产品；生物燃料的全部生命物质均能进入地球的生物学循环，连释放的二氧化碳也会重新被植物吸收而参与地球的循环，做到零排放。物质上的永续性、资源上的可循环性是一种现代的先进生产模式。

• 生物能优势

生物燃料是唯一能大规模替代石油燃料的能源产品，而水能、风能、太阳能、核能及其他新能源只适用于发电和供热。

生物燃料是产品上的多样性。能源产品有液态的生物乙醇和柴油，固态的原型和成型燃料，气态的沼气等多种能源产品。

禽畜粪便

氧化碳的排放与吸收形成良性循环，缓解二氧化碳排放的压力。当前生物能源的主要形式有沼气、生物制氢、生物柴油和燃料乙醇。沼气是微生物发酵秸秆、禽畜粪便等有机物产生的混合气体，主要成分是可燃的甲烷。生物氢可以通过微生物发酵得到，由于燃烧生成水，因此氢气是最洁净的能源。生物柴油是利用生物酶将植物油或其他油脂分解后得到的液体燃料，作为柴油的替代品更加环保。燃料乙醇是植物发酵时产生的酒精，能以一定比例掺入汽油，使排放的尾气更清洁。虽然现在的主要能源还是化石能源，但是生物能源的前途无量。虽然生物能源的开发利用处于起步阶段，生物能源在整个能源结构中所占的比例还很小，但是其发展潜力不可估量。

生物燃料的"带动性"。生物燃料可以拓展农业生产领域，带动农村经济发展，增加农民收入；还能促进制造业、建筑业、汽车等行业发展。在中国等发展生物燃料，还可推进农业工业化和中小城镇发展，缩小工农差别，具有重要的政治、经济和社会意义。

生物燃料具有对原油价格的"抑制性"。生物燃料将使"原油"生产国从目前的 20 个增加到 200 个，通过自主生产燃料，抑制进口石油价格，并减少进口石油花费，使更多的资金能用于改善人民生活，从根本上解决粮食危机。

因此，人类走向以生物能源开发利用为标志的可再生能源时代，意义十分重大：能大量利用农村的土地，提高农民收入。直接增加能源供给，改善大气环境，使二

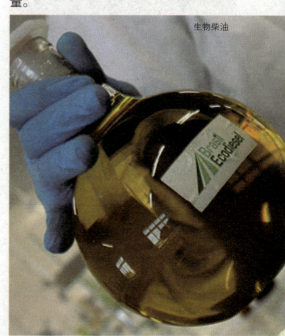

生物柴油

NENG YUAN DE LI LIANG

• 绿色能源

生物能源又称绿色能源，是指从生物质得到的能源，它是人类最早利用的能源。古人钻木取火、伐薪烧炭，实际上就是在使用生物能源。

"万物生长靠太阳"，生物能源是从太阳能转化而来的，只要太阳不熄灭，生物能源就取之不尽。其转化的过程是通过绿色植物的光合作用将二氧化碳和水合成生物质，生物能的使用过程又生成二氧化碳和水，形成一个物质的循环，理论上二氧化碳的净排放为零。生物能源是一种可再生的清洁能源，开发和使用生物能源，符合可持续的科学发展观和循环经济的理念。因此，利用高新技术手段开发生物能源，已成为当今世界发达国家能源战略的重要内容。

但是通过生物质直接燃烧获得的能量是低效而不经济的。随着工业革命的进程，化石能源的大规模使用，使生物能源逐步被煤和石油天然气为代表的化石能源替代，但是工业化的飞速发展，化石能源也被大规模利用，产生了大量的污染物，破坏了自然界的生态平衡，为了进行可持续发展，以及化石能源的弊端日益显现，生物能源的开发和利用又被人们所侧重。

化石能源

79

NENG YUAN DE LI LIANG

• 乙醇汽油

乙醇，俗称酒精，乙醇汽油是一种由粮食及各种植物纤维加工成的燃料乙醇和普通汽油按一定比例混配形成的新型替代能源。

乙醇属于可再生能源，是由高粱、玉米、薯类等经过发酵而制得。它不影响汽车的行驶性能，还减少有害气体的排放量。乙醇汽油作为一种新型清洁燃料，是当前世界上可再生能源的发展重点，符合我国能源替代战略和可再生能源发展方向，技术上成熟安全可靠，在我国完全适用，具有较好的经济效益和社会效益。乙醇汽油是一种混合物而不是新型化合物。在汽油中加入适量乙醇作为汽车燃料，可节省石油资源，减少汽车尾气对空气的污染，还可促进农业的生产。

我国在抗战时，就使用酒精作汽车燃料，在解放战争的时候，解放军为了军用，建立了南阳酒精厂，这个厂还是生产乙醇汽油用酒精的主要工厂。解放之初，还有用酒精开汽车的，而且还不是用的现有的科学的乙醇汽油。

乙醇汽油

保存问题 >

乙醇汽油对环境要求非常高，非常怕水，保质期短，因此销售乙醇汽油比普通汽油在调配、储存、运输、销售各环节要严格得多。一般小加油站不出售乙醇汽油。如果小加油站一个月内卖不掉，或者加到车里，又遇上出差，烧不完，就会分解，产生不良反应……到头来损害的是我们的车。过了保质期的乙醇汽油容易出现分层现象，在油罐油箱中容易变浑浊，打不着火。

乙醇汽油

优缺点 >

汽车用乙醇汽油作为一种清洁的发动机燃料油具有以下优点：

辛烷值高，抗爆性好。乙醇含氧量高达34.7%。在汽油中含10%的乙醇，含氧量就能达到35%。车用乙醇汽油的使用可有效地降低汽车尾气排放，改善能源结构。国内研究表明，E15乙醇汽油（汽油中乙醇含量为15%）比纯车用无铅汽油碳烃排量下降16.2%，一氧化碳排量下降30%。燃料乙醇的生产资源丰富，技术成熟。当在汽油中掺兑少于10%时，对在用汽车发动机无需进行大的改动，即可直接使用乙醇汽油。

汽车用乙醇汽油在燃烧值、动力性和耐腐蚀性上的不足：

乙醇的热值是常规车用汽油的60%，据有关资料的报道，若汽车不作任何改动就使用含乙醇10%的混合汽油时，发动机的油耗会增加5%。乙醇的汽化潜热大，理论空燃比下的蒸发温度大于常规汽油。影响混合气的形成及燃烧速度，导致汽车动力性、经济性及冷启动性的下降，不利于汽车的加速性。乙醇在燃烧过程中会产生乙酸，对汽车金属特别是铜有腐蚀作用。有关试验表明，在汽油中乙醇的含量在0～10%时，对金属基本没有腐蚀，但乙醇含量超过15%时，必须添加有效的腐蚀抑止剂。乙醇是一种优良溶剂，易对汽车的密封橡胶及其他合成非金属材料产生轻微的腐蚀、溶涨、软化或龟裂作用。乙醇易吸于水，车用乙醇汽油的含水量超过标准指标后，容易发生液相分离。

沼气

乙醇无由

• 沼气

沼气，顾名思义就是沼泽里的气体。人们经常看到，在沼泽地、污水沟或粪池里，有气泡冒出来，如果我们划着火柴，可把它点燃，这就是自然界天然发生的沼气。

沼气是有机物质在厌氧条件下，经过微生物的发酵作用而生成的一种混合气体。由于这种气体最先是在沼泽中发现的，

所以称为沼气。人畜粪便、秸秆、污水等各种有机物在密闭的沼气池内,在厌氧(没有氧气)条件下发酵,种类繁多的沼气发酵微生物分解转化,从而产生沼气。沼气是一种混合气体,可以燃烧。

沼气是多种气体的混合物,一般含甲烷50~70%,其余为二氧化碳和少量的氮、氢和硫化氢等。其特性与天然气相似。空气中如含有8.6~20.8%(按体积计)的沼气时,就会形成爆炸性的混合气体。沼气除直接燃烧用于炊事、烘干农副产品、供暖、照明和气焊等外,还可作内燃机的燃料以及生产甲醇、福尔马林、四氯化碳等化工原料。经沼气装置发酵后排出的料液和沉渣,含有较丰富的营养物质,可用作肥料和饲料。

发展历史 〉

沼气是由意大利物理学家沃尔塔于1776年在沼泽地发现的。1916年俄国人奥梅良斯基分离出了第一株甲烷菌(但不是纯种)。中国于1980年首次分离甲烷八叠球菌成功。目前世界上已分离出的甲烷菌种近20株。

世界上第一个沼气发生器(又称自动净化器)是由法国L·穆拉于1860年将简易沉淀池改进而成的。1925年在德国、1926年在美国分别建造了备有加热设施及集气装置的消化池,这是现代大、中型沼气发生装置的原型。第二次世界大战后,沼气发酵技术曾在西欧一些国家得

到发展,但由于廉价的石油大量涌入市场而受到影响。后随着世界性能源危机的出现,沼气又重新引起人们重视。1955年新的沼气发酵工艺流程——高速率厌氧消化工艺产生。它突破了传统的工艺流程,使单位池容积产气量(即产气率)在中温下由每天1立方米容积产生0.7~1.5立方米沼气,提高到4~8立方米沼气,滞留时间由15天或更长的时间缩短到几天甚至几个小时。

中国于20世纪20年代初期由罗国瑞在广东省潮梅地区建成了第一个沼气池,随之成立了中华国瑞瓦斯总行,以推广沼气技术。目前中国农村户用沼气池的数量达1300万座。而高速率厌氧消化工艺生产性试验装置已在糖厂和酒厂正常运行。

沼气池

84

地热能 >

地热能是由地壳抽取的天然热能，这种能量来自地球内部的熔岩，并以热力形式存在，是引致火山爆发及地震的能量。地球内部的温度高达7000℃，而在80至100千米的深处，温度会降至650至1200℃。透过地下水的流动和熔岩涌至离地面1至5千米的地壳，热力得以被转送至较接近地面的地方。高温的熔岩将附近的地下水加热，这些加热了的水最终会渗出地面。运用地热能最简单和最合乎成本效益的方法，就是直接取用这些热源，并抽取其能量。地热能是可再生资源。

● 地热能分布

地热能集中分布在构造板块边缘一带，该区域也是火山和地震多发区。如果热量提取的速度不超过补充的速度，那么地热能便是可再生的。地热能在世界很多地区应用相当广泛。据估计，每年从地球内部传到地面的热能相当于100PW·h。不过，地热能的分布相对来说比较分散，开发难度大。

据2010年世界地热大会统计，全世界共有78个国家正在开发利用地热技术，27个国家利用地热发电，总装机容量为10715MW，年发电量67246GW·h，平均利用系数72%。目前世界上最大的地热电站是美国的盖瑟尔斯地热电站，其第一台地热发电机组（11MW）于1960年启动，以后的10年中，2号（13MW）、3号（27MW）和4号（27MW）机组相续投入运行。20世纪70年代共投产9台机组，80年代以后又相继投产一大批机组，其中除13号机组容量为135MW外，其余多为110MW机组。我国的地热资源也很丰富，但开发利用程度很低。主要分布在云南、西藏、河北等省区。

世界地热资源主要分布于以下5个地热带：

①环太平洋地热带。世界最大的太平洋板块与美洲、欧亚、印度板块的碰撞边界，即从美国的阿拉斯加、加利福尼亚到墨西哥、智利，从新西兰、印度尼西亚、菲律宾到中国沿海和日本。世界许多地热田都位于这个地热带，如美国的盖瑟斯地热田、墨西哥的普列托、新西兰的怀腊开、中国台湾的马槽和日本的松川、大岳等地热田。

大西洋中脊地热带

地中海、喜马拉雅地热带

②地中海、喜马拉雅地热带。欧亚板块与非洲、印度板块的碰撞边界，从意大利直至中国的滇藏。如意大利的拉德瑞罗地热田和中国西藏的羊八井及云南的腾冲地热田均属这个地热带。

③大西洋中脊地热带。大西洋板块的开裂部位，包括冰岛和亚速尔群岛的一些地热田。

④红海、亚丁湾、东非大裂谷地热带。包括肯尼亚、乌干达、扎伊尔、埃塞俄比亚、吉布提等国的地热田。

⑤其他地热区。除板块边界形成的地热带外，在板块内部靠近边界的部位，在一定的地质条件下也有高热流区，可以蕴藏一些中低温地热，如中亚、东欧地区的一些地热田和中国的胶东、辽东半岛及华北平原的地热田。

地热发电

• 人造地热能

人造地热能是为了解决全球暖化对于干净能源的大量需求而逐渐成为 21 世纪显学的一种新方法，最初概念 20 世纪 70 年代已经提出，但是一直没有受到重视，因为地热分布地区极为受限，于是有人提出采用深度钻孔技术于任何地方钻至靠近地底熔岩附近 300℃以上的区域，收回地热蒸气发电，如果成本允许钻更多回收井则可以减少散失蒸气，增加发电效能。虽然原理简单，但是由于所需井深极深，达 5 千米以上，又要通过许多坚硬花岗岩地壳，传统冲钻法需磨损数百具高价钻头，成本太大，而地底状况难以掌握，有可能钻出水汽不能流通的废井，加上大众媒体对地热的关注不如太阳能和风力高，诸多因素使人不愿投资而止于实验阶段。

但是新兴科技例如水热钻机、等离子钻机的概念已经提出，钻井成本有望大幅下降，届时地热能不受位置和气候影响提供 24 小时稳定基载电量的特性，建设时间、成本和大众疑虑又远低于核能；很有望成为最具竞争力的绿色能源和全球暖化的解救方案。

• 地热能的作用

• 地热发电

地热发电是地热利用的最重要方式。高温地热流体应首先应用于发电。地热发电和火力发电的原理是一样的，都是利用蒸汽的热能在汽轮机中转变为机械能，然后带动发电机发电。所不同的是，地热发电不像火力发电那样要装备庞大的锅炉，也不需要消耗燃料，它所用的能源就是地热能。地热发电的过程，就是把地下热能首先转变为机械能，然后再把机械能转变为电能的过程。要利用地下热能，首先需要有"载热体"把地下的热能带到地面上来。目前能够被地热电站利用的载热体，主要是地下的天然蒸汽和热水。按照载热体类型、温度、压力和其他特性的不同，可把地热发电的方式划分为蒸汽型地热发电和热水型地热发电两大类。

冰岛地热

● 地热供暖

　　将地热能直接用于采暖、供热和供热水是仅次于地热发电的地热利用方式。因为这种利用方式简单，经济性好，备受各国重视，特别是位于高寒地区的西方国家，其中冰岛开发利用得最好。该国早在 1928 年就在首都雷克雅未克建成了世界上第一个地热供热系统，现今这一供热系统已发展得非常完善，每小时可从地下抽取 7740 吨 80℃的热水，供全市 11 万居民使用。由于没有高耸的烟囱，冰岛首都已被誉为"世界上最清洁无烟的城市"。此外利用地热给工厂供热，如用作干燥谷物和食品的热源，用作硅藻土生产、木材、造纸、制革、纺织、酿酒、制糖等

生产过程的热源也是大有前途的。目前世界上最大的地热应用工厂是冰岛的硅藻土厂和新西兰的纸浆加工厂。我国利用地热供暖和供热水发展也非常迅速，在京津地区已成为地热利用中最普遍的方式。

● 地热务农

　　地热在农业中的应用范围十分广阔。如利用温度适宜的地热水灌溉农田，可使农作物早熟增产；利用地热水养鱼，在 28℃水温下可加速鱼的育肥，提高鱼的出产率；利用地热建造温室，育秧、种菜和养花；利用地热给沼气池加温，提高沼气的产量等。将地热能直接用于农业在我国日益广泛，北京、天津、西藏和云南等地都建有面积大小不等的地热温室。各地还利用地热大力发展养殖业，如培养菌种、养殖非洲鲫鱼、鳗鱼、罗非鱼、罗氏沼虾等。

利用地热养鱼

• 地热行医

　　地热在医疗领域的应用有诱人的前景，目前热矿水就被视为一种宝贵的资源，世界各国都很珍惜。由于地热水从很深的地下提取到地面，除温度较高外，常含有一些特殊的化学元素，从而使它具有一定的医疗效果。如含碳酸的矿泉水供饮用，可调节胃酸、平衡人体酸碱度；含铁矿泉水饮用后，可治疗缺铁贫血症；氢泉、硫水氢泉洗浴可治疗神经衰弱和关节炎、皮肤病等。由于温泉的医疗作用及伴随温泉出现的特殊的地质、地貌条件，使温泉常常成为旅游胜地，吸引大批疗养者和旅游者。在日本就有 1500 多个温泉疗养院，

含碳酸的矿泉水

温泉疗养

每年吸引 1 亿人到这些疗养院休养。我国利用地热治疗疾病的历史悠久，含有各种矿物元素的温泉众多，因此充分发挥地热的医疗作用，发展温泉疗养行业是大有可为的。

　　未来随着与地热利用相关的高新技术的发展，将使人们能更精确地查明更多的地热资源；钻更深的钻井将地热从地层深处取出，因此地热利用也必将进入一个飞速发展的阶段。

　　地热能在应用中要注意地表的热应力承受能力，不能形成过大的覆盖率，这会对地表温度和环境产生不利的影响。

89

氢能 〉

氢能是通过氢气和氧气反应所产生的能量。氢能是氢的化学能,氢在地球上主要以化合态的形式出现,是宇宙中分布最广泛的物质,它构成了宇宙质量的75%,二次能源。工业上生产氢的方式很多,常见的有水电解制氢、煤炭汽化制氢、重油及天然气水蒸气催化转化制氢等。

众所周知,氢分子与氧分子化合成水,氢通常的单质形态是氢气,它是无色无味、极易燃烧的双原子的气体,氢气是密度最小的气体。在标准状况(0℃

重油

和1个大气压)下,每升氢气只有0.0899克重——仅相当于同体积空气质量的2/29。氢是宇宙中最常见的元素,氢及其同位素占到了太阳总质量的84%,宇宙质量的75%都是氢。

氢具有高挥发性、高能量,是能源载体和燃料,同时氢在工业生产中也有广泛应用。现在工业每年用氢量为5500亿立方米,氢气与其他物质一起用来制造氨水和化肥,同时也应用到汽油精炼工艺、玻璃磨光、黄金焊接、气象气球探测及食品工业中。液态氢可以作为火箭燃料,因为氢的液化温度在-252.76℃。

氢能在21世纪有可能成为世界能源舞台上一种举足轻重的二次能源。它是一种极为优越的新能源，其主要优点有：燃烧热值高，每千克氢燃烧后的热量约为汽油的3倍、酒精的3.9倍、焦炭的4.5倍。燃烧的产物是水，是世界上最干净的能源。资源丰富，氢气可以由水制取，而水是地球上最为丰富的资源，演绎了自然物质循环利用、持续发展的经典过程。

• 氢的特点

氢位于元素周期表之首，它的原子序数为1，在常温常压下为气态，在超低温高压下又可成为液态。作为能源，氢有以下特点：

所有元素中，氢重量最轻。在标准状态下，它的密度为 0.0899g/l；在 −252.76℃时，可成为液体，若将压力增大到数百个大气压，液氢就可变为固体氢。

所有气体中，氢气的导热性最好，比大多数气体的导热系数高出 10 倍，因此在能源工业中氢是极好的传热载体。

氢是自然界存在最普遍的元素，据估计它构成了宇宙质量的 75%，除空气中含有氢气外，它主要以化合物的形态贮存于水中，而水是地球上最广泛的物质。据推算，如把海水中的氢全部提取出来，它所产生的总热量比地球上所有化石燃料放出的热量还大 9000 倍。

除核燃料外，氢的发热值是所有化石燃料、化工燃料和生物燃料中最高的，为142 351kJ/kg，是汽油发热值的 3 倍。

氢燃烧性能好，点燃快，与空气混合时有广泛的可燃范围，而且燃点高，燃烧速度快。

氢本身无毒，与其他燃料相比，氢燃烧时最清洁，除生成水和少量氮气外不会产生诸如一氧化碳、二氧化碳、碳氢化合物、铅化物和粉尘颗粒等对环境有害的污染物质，少量的氮气经过适当处理也不会污染环境，而且燃烧生成的水还可继续制氢，反复循环使用。

氢能利用形式多，既可以通过燃烧产

生热能，在热力发动机中产生机械功，又可以作为能源材料用于燃料电池，或转换成固态氢用作结构材料。用氢代替煤和石油，不需对现有的技术装备作重大的改造，现在的内燃机稍加改装即可使用。

氢可以以气态、液态或固态的氢化物出现，能适应贮运及各种应用环境的不同要求。

由以上特点可以看出，氢是一种理想的、新的含能体能源。目前液氢已广泛用作航天动力的燃料，但氢能的大规模商业应用还有待解决以下关键问题：

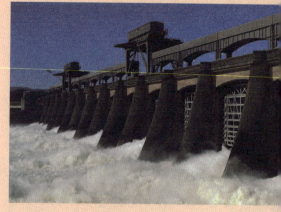
水电

• 氢能发电

大型电站，无论是水电、火电或核电，都是把发出的电送往电网，由电网输送给用户。但是各种用电户的负荷不同，电网有时是高峰，有时是低谷。为了调节峰荷，电网中常需要启动快和比较灵活的发电站，氢能发电就最适合扮演这个角色。利用氢气和氧气燃烧，组成氢氧发电机组。这种机组是火箭型内燃发动机配以发电机，它不需要复杂的蒸汽锅炉系统，因此结构简单，维修方便，启动迅速，要开即开，欲停即停。在电网低负荷时，还可吸收多余的电来进行电解水，生产氢和氧，以备高峰时发电用。这种调节作用对于电网运行是有利的。另外，氢和氧还可直接改变常规火力发电机组的运行状况，提高电站的发电能力。例如氢氧燃烧组成磁流体发电，利用液氢冷却发电装置，进而提高机组功率等。

更新的氢能发电方式是氢燃料电池。这是利用氢和氧（或空气）直接经过电化

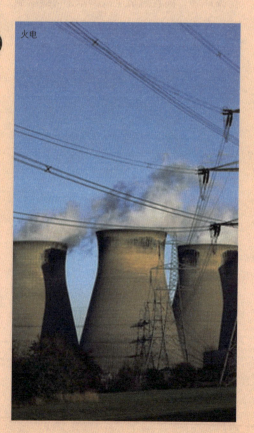
火电

学反应而产生电能的装置。换言之，也是水电解槽产生氢和氧的逆反应。20世纪70年代以来，日美等国加紧研究各种燃料电池，现已进入商业性开发，日本已建立万千瓦级燃料电池发电站，美国有30多家厂商在开发燃料电池。德、英、法、荷、丹、意和奥地利等国也有20多家公司投入了燃料电池的研究，这种新型的发电方式已引起世界的关注。

厨房灶具

• 家庭用氢

随着制氢技术的发展和化石能源的缺少，氢能利用也将进入家庭，首先是发达的大城市，它可以像输送城市煤气一样，通过氢气管道送往千家万户。每个用户则采用金属氢化物贮罐将氢气贮存，然后分别接通厨房灶具、浴室、氢气冰箱、空调机等等，并且在车库内与汽车充氢设备连接。人们的生活靠一条氢能管道，可以代替煤气、暖气甚至电力管线，连汽车的加油站也省掉了。这样清洁方便的氢能系统，将给人们创造舒适的生活环境，减轻许多繁杂事务。

海底可燃冰

海底可燃冰 〉

海底可燃冰天然气水合物是一种白色固体物质，外形像冰，有极强的燃烧力，可作为上等能源。它主要由水分子和烃类气体分子（主要是甲烷）组成，所以也称它为甲烷水合物。天然气水合物是在一定条件（合适的温度、压力、气体饱和度、水的盐度、pH值等）下，由气体或挥发性液体与水相互作用过程中形成的白色固态结晶物质。

谈到能源，人们立即想到的是能燃烧的煤、石油或天然气，而很少想到晶莹剔透的"冰"。然而，自20世纪60年代以来，人们陆续在冻土带和海洋深处

93

发现了一种可以燃烧的"冰"。这种"可燃冰"在地质上称之为天然气水合物，又称"笼形包合物"（分子结构式为：$CH_4 \cdot nH_2O$。

一旦温度升高或压强降低，甲烷气则会逸出，固体水合物便趋于崩解（1m³的可燃冰可在常温常压下释放164m³的天然气及0.8m³的淡水）所以固体状的天然气水合物往往分布于水深大于300米的海底沉积物或寒冷的永久冻土中。海底天然气水合物依赖巨厚水层的压力来维持其固体状态，其分布可以从海底到海底之下1000米的范围以内，再往深处则由于地温升高其固体状态遭到破坏而难以存在。

• 可燃冰的发现

早在 1778 年英国化学家普得斯特里就着手研究气体生成的气体水合物温度和压强。1934 年，人们在油气管道和加工设备中发现了冰状固体堵塞现象，这些固体不是冰，就是人们说的可燃冰。1965 年苏联科学家预言，天然气的水合物可能存在海洋底部的地表层中，后来人们终于在北极的海底首次发现了大量的可燃冰。19 世纪 70 年代，美国地质工作者在海洋中钻探时，发现了一种看上去像普通干冰的东西，当它从海底被捞上来后，那些"冰"很快就成为冒着气泡的泥水，而那些气泡却意外地被点着了，

甲烷气

94

这些气泡就是甲烷。据研究测试，这些像干冰一样的灰白色物质，是由天然气与水在高压低温条件下结晶形成的固态混合物。科研考察结果表明，它仅存在于海底或陆地冻土带内。纯净的天然气水合物外观呈白色，形似冰雪，可以像固体酒精一样直接点燃，因此人们通俗而形象地称其为"可燃冰"。

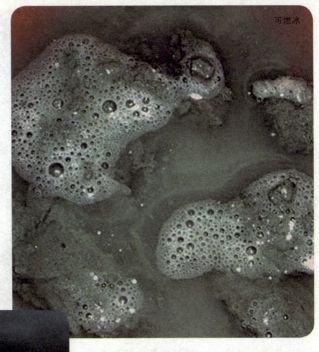

可燃冰

可燃冰

• 可燃冰的成因

可燃冰是天然气分子（烷类）被包进水分子中，在海底低温与压力下结晶形成的。形成可燃冰有 3 个基本条件：温度、压力和原材料。首先，可燃冰可在 0℃ 以上生成，但超过 20℃ 便会分解。而海底温度一般保持在 2~4℃ 左右；其次，可燃冰在 0℃ 时，只需 30 个大气压即可生成，而以海洋的深度，30 个大气压很容易保证，并且气压越大，水合物就越不容易分解；最后，海底的有机物沉淀，其中丰富的碳经过生物转化，可产生充足的气源。海底的地层是多孔介质，在温度、压力、气源三者都具备的条件下，可燃冰晶体就会在介质的空隙间生成。

• 资源量

世界上绝大部分的天然气水合物分布在海洋里，据估算，海洋里天然气水合物的资源量是陆地上的 100 倍以上。据最保守的统计，全世界海底天然气水合物中贮存的甲烷总量约为 1.8 亿亿立方米（$18000 \times 10^{12} m^3$），约合 1.1 万亿吨（$11 \times 10^{12} t$），如此数量巨大的能源是人类未来动力的希望，是 21 世纪具有良好前景的后续能源。

可燃冰被西方学者称为"21 世纪能源"或"未来新能源"。迄今为止，在世界各地的海洋及大陆地层中，已探明的"可燃冰"储量已相当于全球传统化石能源（煤、石油、天然气、油页岩等）储量的 2 倍以上，其中海底可燃冰的储量够人类使用 1000 年。

海底输电

海底天然气

• 可燃冰的缺点

天然气水合物在给人类带来新的能源前景的同时，对人类生存环境也提出了严峻的挑战。天然气水合物中的甲烷，其温室效应为 CO_2 的 20 倍，温室效应造成的异常气候和海面上升正威胁着人类的生存。全球海底天然气水合物中的甲烷总量约为地球大气中甲烷总量的 3000 倍，若有不慎，让海底天然气水合物中的甲烷气逃逸到大气中去，将产生无法想象的后果。而且固结在海底沉积物中的水合物，一旦条件变化使甲烷气从水合物中释出，还会改变沉积物的物理性质，极大地降低海底沉积物的工程力学特性，使海底软化，出现大规模的海底滑坡，毁坏海底工程设施，如：海底输电或通讯电缆和海洋石油钻井平台等。

NENG YUAN DE LI LIANG

起来十分困难，一旦发生井喷事故，就会造成海啸、海底滑坡、海水毒化等灾害。所以，可燃冰的开发利用就像一柄"双刃剑"，需要小心对待。

海啸

• 引发灾难

　　天然可燃冰呈固态，不会像石油开采那样自喷流出。如果把它从海底一块块搬出，在从海底到海面的运送过程中，甲烷就会挥发殆尽，同时还会给大气造成巨大危害。为了获取这种清洁能源，世界许多国家都在研究天然可燃冰的开采方法。科学家们认为，一旦开采技术获得突破性进展，那么可燃冰立刻会成为 21 世纪的主要能源。

　　相反，如果开采不当，后果绝对是灾难性的。在导致全球气候变暖方面，甲烷所起的作用比二氧化碳要大 20 倍；而可燃冰矿藏哪怕受到最小的破坏，都足以导致甲烷气体的大量泄漏，从而引起强烈的温室效应。另外，陆缘海边的可燃冰开采

海水毒化

• 竞相开发

　　1960 年，苏联在西伯利亚发现了可燃冰，并于 1969 年投入开发；美国于 1969 年开始实施可燃冰调查，1998 年把可燃冰作为国家发展的战略能源列入国家级长远计划；日本开始关注可燃冰是在 1992 年，已基本完成周边海域的可燃冰调查与评价。但最先挖出可燃冰的是德国。

　　2000 年开始，可燃冰的研究与勘探

进入高峰期，世界上有 30 多个国家和地区参与其中。其中以美国的计划最为完善——总统科学技术委员会建议研究开发可燃冰，参、众两院有许多人提出议案，支持可燃冰开发研究。美国每年用于可燃冰研究的财政拨款达上千万美元。

为开发这种新能源，国际上成立了由 19 个国家参与的地层深处海洋地质取样研究联合机构，有 5 名科技人员驾驶着一艘装备有先进实验设施的轮船从美国东海岸出发进行海底可燃冰勘探。这艘可燃冰勘探专用轮船的 7 层船舱都装备着先进的实验设备，是当今世界上唯一的能从深海下岩石中取样的轮船，船上装备有能用于研究沉积层学、古人种学、岩石学、地球化学、地球物理学等的实验设备。这艘专用轮船由得克萨斯州 A·M 大学主管，英、德、法、日、澳、美科学基金会及欧洲联合科学基金会为其提供经济援助。

勘探专用轮船

深海钻探

• 可燃冰的分布

海底天然气水合物作为 21 世纪的重要后续能源，及其对人类生存环境及海底工程设施的灾害影响，正日益引起科学家们和世界各国政府的关注。20 世纪 60 年代开始的深海钻探计划 (DSDP) 和随后的大洋钻探计划 (ODP) 在世界各大洋与海域有计划地进行了大量的深海钻探和海洋地质地球物理勘查，在多处海底直接或间接地发现了天然气水合物。到目前为止，世界上海底天然气水合物已发现的主要分布区是大西洋海域的墨西哥湾、加勒比海、南美东部陆缘、非洲西部陆缘和美国东海岸外的布莱克海台等，西太平洋海域的白令海、鄂霍茨克海、千岛海沟、冲绳海槽、日本海、四国海槽、日本南海海槽、苏拉威西海可燃冰分布图和新西兰北部海域等，东太平洋海域的中美洲海槽、加利福尼亚滨外和秘鲁海槽等，印度洋的阿曼海湾，南极的罗斯海和威德尔海，北极的巴伦支海和波弗特海，以及大陆内的黑海与里海等。

因此，从 20 世纪 80 年代开始，美、英、德、加、日等发达国家纷纷投入巨资相继开展了本土和国际海底天然气水合物

可燃冰

可燃冰

的调查研究和评价工作，同时美、日、加、印度等国已经制定了勘查和开发天然气水合物的国家计划。特别是日本和印度，在勘查和开发天然气水合物的能力方面已处于领先地位。

2009 年 9 月中国地质部门公布，在青藏高原发现了一种名为可燃冰的环保新能源，预计 10 年左右能投入使用。粗略地估算，远景资源量至少有 350 亿吨油当量。

新能源汽车 〉

新能源汽车是指除汽油、柴油发动机之外所有其他能源汽车,包括燃料电池汽车、混合动力汽车、氢能源动力汽车和太阳能汽车等。其废气排放量比较低。据不完全统计,全世界现有超过400万辆液化石油气汽车,100多万辆天然气汽车。

新能源汽车是指采用非常规的车用燃料作为动力来源(或使用常规的车用燃料、采用新型车载动力装置),综合车辆的动力控制和驱动方面的先进技术,形成的技术原理先进、具有新技术、新结构的汽车。新能源汽车包括五大类型,如混合动力电动汽车、纯电动汽车(包括太阳能汽车)、燃料电池电动汽车、其他新能源(如超级电容器、飞轮等高效储能器)汽车等。

新能源汽车对于电机控制系统的要求更加严苛。作为新能源汽车的核心部件,电机控制不仅关系着整车性能,还与行车安全息息相关。高性能电机控制系统对处理器的处理能力和安全特性都提出了很高要求。

新能源汽车

● 能源之最

世界最长的跨国天然气管道

  2008年2月22日，西气东输二线开工建设，该管线西起新疆霍尔果斯，途经14个省区市和香港特别行政区，包括1条干线和8条支干线，全长8704千米，是世界上最长的跨国天然气管道。工程设计年输气量达到300亿立方米，目前投产段已惠及我国18个省区市，约1亿人受益。

天然气管道

世界电压等级最高交流输变电工程 ＞

2008年12月30日，我国自主研发、设计和建设，具有自主知识产权，目前世界上电压等级最高的1000千伏交流输变电工程——晋东南—南阳—荆门特高压交流试验示范工程正式投入试运行。

我国最大的海相油田 ＞

中国石化建立了海相油气勘探开发理论体系及其配套技术，发现了国内最大的海相油田——塔河油田，已累计提交近10亿吨探明石油储量。

半潜式平台最大可变载荷

世界半潜式平台最大可变载荷 ＞

2012年5月9日，我国自主设计建造并拥有6项"世界首次"先进技术的3000米深水钻井平台"海洋石油981"在南海东部深水海域成功开钻，我国海洋石油工业"深水战略"迈出实质性步伐。其中第一次突破半潜式平台可变载荷9000吨，为世界半潜式平台之最，大大提高了我国远海作业能力。

我国规模最大、丰度最高的海相气田 ＞

2003年4月27日，普光1井获日产天然气103万立方米的高产气流，标志着发现了迄今为止国内规模最大、丰度最高的特大型整装海相气田——普光气田，是我国海相沉积理论研究和实践的重大突破。

103

我国埋藏最深的海相气田 ＞

2011年9月，元坝气田通过国土资源部矿产资源储量评审委员会专家组审定，是我国迄今发现的埋藏最深的海相大气田。

全球能源行业最大IPO ＞

2009年12月10日，国电龙源电力登陆香港H股，得到了国际资本市场广泛认可，融资创多项历史纪录。募集资金总额约为177亿元人民币，相当于改革开放以来电力企业海外融资的总和，成为截至当年全球第八大IPO、全球能源行业第一大IPO、1999年以来全球第三大可再生能源企业IPO。

龙滩水电站

世界最高的碾轧混凝土大坝和规模最大的地下厂房 〉

位于广西壮族自治区天峨县境内的龙滩水电站是世界最高的碾轧混凝土大坝和规模最大的地下厂房。其工程建设反映了我国水电建设设计、施工等技术能力已经达到甚至超过世界先进水平。

世界规模最大的水工隧洞群 〉

位于四川省凉山州境内的雅砻江干流上的锦屏二级水电站，拥有世界上规模最大的水工隧洞群，其引水隧洞施工辅助洞开挖扩建成的中国锦屏地下实验室是中国首个极深地下实验室，埋深达2400米，是世界上最深的暗物质实验室。

世界功率最大、最宽的煤矿井下智能型刮板输送机 〉

中煤集团装备企业研制出了国际上装机功率最大（3×1600KW）、槽宽最宽（内槽宽1400mm）的煤矿井下智能型刮板输送机，该机具有电液控制自动紧链和工况参数远程监控功能，达到国际领先水平。

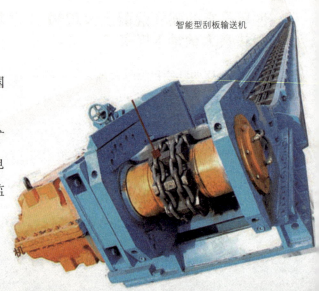

智能型刮板输送机

智能型刮板输送机

> ## 能源之最

煤炭探明可采储量最多的国家——俄罗斯

石油探明可采储量最多的国家——沙特阿拉伯

天然气探明储量最多的国家——俄罗斯

可开发水能资源最多的国家——中国

一次能源产量最大的国家——美国

煤炭产量最大的国家——中国

发电量最多的国家——美国

水力发电量最多的国家——加拿大

水电占总发电量比重最高的国家——挪威

核电最多的国家——美国

核电占总发电量比重最高的国家——法国

铀矿产量最大的国家——加拿大

地热电站装机容量最大的国家——美国

风力发电量最多的国家——美国

沼气池最多的国家——中国

一次能源消费量最大的国家——美国

石油消费量最大的国家——美国

天然气消费量最大的国家——俄罗斯

煤炭消费量最大的国家——中国

用电量最多的国家——美国

薪柴消耗最多的国家——中国

● 节能势在必行

能源危机的产生 ＞

能源是整个世界发展和经济增长的最基本的驱动力，是人类赖以生存的基础。自工业革命以来，能源安全问题就已出现。1913年，英国海军开始用石油取代煤炭作为动力时，时任海军上将的丘吉尔就提出了"绝不能仅仅依赖一种石油、一种工艺、一个国家和一个油田"这一迄今仍未过时的能源多样化原则。伴随着人类社会对能源需求的增加，能源安全逐渐与政治、经济安全紧密联系在一起。两次世界大战中，能源跃升为影响战争结局、决定国家命运的重要因素。法国前总理克列蒙梭曾说，"一滴石油相当于我们战士的一滴鲜血"。可见，能源安全的重要性在那时便已得到国际社会普遍认可。20世纪70年代爆发的两次石油危机使能源安全的内涵得到极大拓展，特别是1974年成立的国际能源署正式提出了以稳定石油供应和价格为中心的能源安全概念，西方国家也据此制定了以能源供应安全为核心的能源政策。在此后的20多年里，在稳定能源供应的支持下，世界经济规模取得了较大增长。但是，人类在享受能源带来的经济发展、科技进步等利益的同时，也遇到一系列无法避免的能源安全

挑战，能源短缺、资源争夺以及过度使用能源造成的环境污染等问题威胁着人类的生存与发展。

为了避免上述窘境，目前美国、加拿大、日本、欧盟等都在积极开发如太阳能、风能、海洋能（包括潮汐能和波浪能）等可再生新能源，或者将注意力转向海底可燃冰（水合天然气）等新的化石能源。同时，氢气、甲醇等燃料作为汽油、柴油的替代品，也受到了广泛关注。目前国内外热情研究的氢燃料电池电动汽车，就是此类能源应用的典型代表。

目前世界上常规能源的储量有的只能维持半个世纪（如石油），最多的也能维持一两个世纪（如煤）人类生存的需求。

今天的世界人口已经突破60亿，比上个世纪末期增加了2倍多，而能源消费据统计却增加了16倍多。无论多少人谈论"节约"和"利用太阳能"或"打更多的油井或气井"或者"发现更多更大的煤田"，能源的供应却始终跟不上人类对能源的需求。当前世界能源消费以化石资源为主，其中中国等少数国家是以煤炭为主，其他国家大部分则是以石油与天然气为主。按目前的消耗量，专家预测石油、天然气最多只能维持不到半个世纪，煤炭也只能维持一两个世纪。所以不管是哪一种常规能源结构，人类面临的能源危机都日趋严重。

NENG YUAN DE LI LIANG

节能减排从我做起 ❯

• 衣

• 少买不必要的衣服

　　服装在生产、加工和运输过程中，要消耗大量的能源，同时产生废气、废水等污染物。在保证生活需要的前提下，每人每年少买一件不必要的衣服可节能约 2.5 千克标准煤，相应减排二氧化碳 6.4 千克。如果全国每年有 2500 万人做到这一点，就可以节能约 6.25 万吨标准煤，减排二氧化碳 16 万吨。

• 减少住宿宾馆时的床单换洗次数

　　床单、被罩等的洗涤要消耗水、电和洗衣粉，而少换洗一次，可省电 0.03 度、水 13 升、洗衣粉 22.5 克，相应减排二氧化碳 50 克。如果全国 8880 家星级宾馆（2002 年数据）采纳"绿色客房"标准的建议（3 天更换一次床单），每年可综合节能约 1.6 万吨标准煤，减排二氧化碳 4 万吨。

服装生产

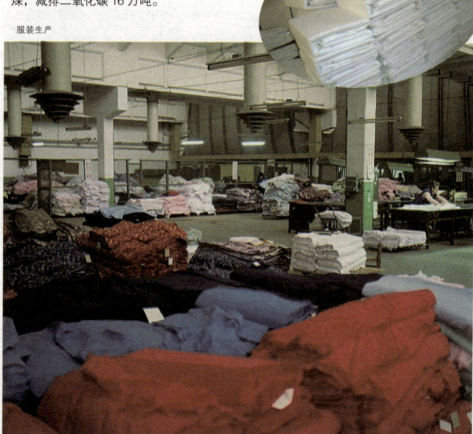

● 采用节能方式洗衣

（1）每月手洗一次衣服。随着人们物质生活水平的提高，洗衣机已经走进千家万户。虽然洗衣机给生活带来很大的帮助，但只有两三件衣物就用机洗，会造成水和电的浪费。如果每月用手洗代替一次机洗，每台洗衣机每年可节能约 1.4 千克标准煤，相应减排二氧化碳 3.6 千克。如果全国 1.9 亿台洗衣机都因此每月少用一次，那么每年可节能约 26 万吨标准煤，减排二氧化碳 68.4 万吨。

（2）每年少用 1 千克洗衣粉。洗衣粉是生活必需品，但在使用中经常出现浪费；合理

使用，就可以节能减排。比如，少用 1 千克洗衣粉，可节能约 0.28 千克标准煤，相应减排二氧化碳 0.72 千克。如果全国 3.9 亿个家庭平均每户每年少用 1 千克洗衣粉，1 年可节能约 10.9 万吨标准煤，减排二氧化碳 28.1 万吨。

（3）选用节能洗衣机。节能洗衣机比普通洗衣机节电 50%、节水 60%，每台节能洗衣机每年可节能约 3.7 千克标准煤，相应减排二氧化碳 9.4 千克。如果全国每年有 10% 的普通洗衣机更新为节能洗衣机，那么每年可节能约 7 万吨标准煤，减排二氧化碳 17.8 万吨。

NENG YUAN DE LI LIANG

• 食

• 减少粮食浪费

　　"谁知盘中餐，粒粒皆辛苦"，可是现在浪费粮食的现象仍比较严重。而少浪费 0.5 千克粮食（以水稻为例），可节能约 0.18 千克标准煤，相应减排二氧化碳 0.47 千克。如果全国平均每人每年减少粮食浪费 0.5 千克，每年可节能约 24.1 万吨标准煤，减排二氧化碳 61.2 万吨。

　　减少畜产品浪费。每人每年少浪费 0.5 千克猪肉，可节能约 0.28 千克标准煤，相应减排二氧化碳 0.7 千克。如果全国平均每人每年减少猪肉浪费 0.5 千克，每年可节能约 35.3 万吨标准煤，减排二氧化碳 91.1 万吨。

啤酒

猪肉

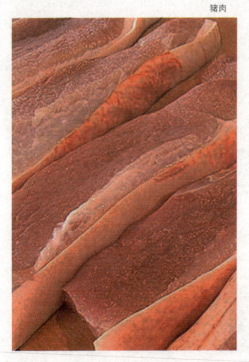

• 饮酒适量

　　（1）夏季每月少喝一瓶啤酒。酷暑难耐，啤酒成了颇受欢迎的饮料，但"喝高了"的事情时有发生。在夏季的 3 个月里平均每月少喝 1 瓶，1 人 1 年可节能约 0.23 千克标准煤，相应减排二氧化碳 0.6 千克。从全国范围来看，每年可节能约 29.7 万吨标准煤，减排二氧化碳 78 万吨。

　　（2）每年少喝 0.5 千克白酒。白酒，丰富了生活，更成就了中华民族灿烂的酒文化。不过，醉酒却容易酿成事故。如果 1 个人 1 年少喝 0.5 千克，可节能约 0.4 千克标准煤，相应减排二氧化碳 1 千克。如果全国 2 亿"酒民"平均每年少喝 0.5 千克，每年可节能约 8 万吨标准煤，减排二氧化碳 20 万吨。

• 住

• 节能装修

（1）减少装修铝材使用量。铝是能耗最大的金属冶炼产品之一。减少1千克装修用铝材，可节能约9.6千克标准煤，相应减排二氧化碳24.7千克。如果全国每年2000万户左右的家庭装修能做到这一点，那么可节能约19.1万吨标准煤，减排二氧化碳49.4万吨。

（2）减少装修钢材使用量。钢材是住宅装修最常用的材料之一，钢材生产也是耗能排碳的大户。减少1千克装修用钢材，可节能约0.74千克标准煤，相应减排二氧化碳1.9千克。如果全国每年2000万户左右的家庭装修能做到这一点，那么可节能约1.4万吨标准煤，减排二氧化碳3.8万吨。

（3）减少装修木材使用量。适当减少装修木材使用量，不但保护森林，增加二氧化碳吸收量，而且减少了木材加工、运输过程中的能源消耗。少使用0.1立方米

减少了木材加工

• 减少吸烟

吸烟有害健康，香烟生产还消耗能源。1天少抽1支烟，每人每年可节能约0.14千克标准煤，相应减排二氧化碳0.37千克。如果全国3.5亿烟民都这么做，那么每年可节能约5万吨标准煤，减排二氧化碳13万吨。

装修用的木材，可节能约 25 千克标准煤，相应减排二氧化碳 64.3 千克。如果全国每年 2000 万户左右的家庭装修能做到这一点，那么可节能约 50 万吨标准煤，减排二氧化碳 129 万吨。

（4）减少建筑陶瓷使用量。家庭装修时使用陶瓷能使住宅更美观。不过，浪费也就此产生，部分家庭甚至存在奢侈装修的现象。节约 1 平方米的建筑陶瓷，可节能约 6 千克标准煤，相应减排二氧化碳 15.4 千克。如果全国每年 2000 万户左右的家庭装修能做到这一点，那么可节能约 12 万吨，减排二氧化碳 30.8 万吨。

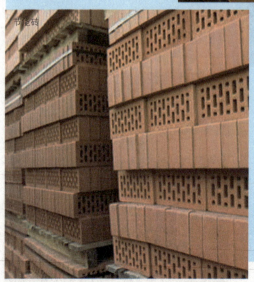

节能砖

• 农村住宅使用节能砖

与黏土砖相比，节能砖具有节土、节能等优点，是优越的新型建筑材料。在农村推广使用节能砖，具有广阔的节能减排前景。使用节能砖建 1 座农村住宅，可节能约 5.7 吨标准煤，相应减排二氧化碳 14.8 吨。如果我国农村每年有 10% 的新建房屋改用节能砖，那么全国可节能约 860 万吨标准煤，减排二氧化碳 2212 万吨。

● 合理使用空调

（1）夏季空调温度在国家提倡的基础上调高 1℃。炎热的夏季，空调能带给人清凉的感觉。不过，空调是耗电量较大的电器，设定的温度越低，消耗能源越多。其实，通过改穿长袖为穿短袖、改穿西服为穿便装、改扎领带为扎松领，适当调高空调温度，并不影响舒适度，还可以节能减排。如果每台空调在国家提倡的26℃基础上调高 1℃，每年可节电 22 度，相应减排二氧化碳 21 千克。如果对全国1.5 亿台空调都采取这一措施，那么每年可节电约 33 亿度，减排二氧化碳 317 万吨。

（2）选用节能空调。一台节能空调比普通空调每小时少耗电 0.24 度，按全年使用 100 小时的保守估计，可节电 24 度，相应减排二氧化碳 23 千克。如果全国每年 10% 的空调更新为节能空调，那么可节电约 3.6 亿度，减排二氧化碳 35 万吨。

（3）出门提前几分钟关空调。空调房间的温度并不会因为空调关闭而马上升高。出门前 3 分钟关空调，按每台每年可节电约 5 度的保守估计，相应减排二氧化碳 4.8 千克。如果对全国 1.5 亿台空调都采取这一措施，那么每年可节电约7.5 亿度，减排二氧化碳 72 万吨。

合理使用电风扇。虽然空调在我国家庭中逐渐普及，但电风扇的使用数量仍然巨大。电风扇的耗电量与扇叶的转速成正比，同一台电风扇的最快挡与最慢挡的耗电量相差约 40%。在大部分的时间里，中、低挡风速足以满足纳凉的需要。以一台 60 瓦的电风扇为例，如果使用中、低挡转速，全年可节电约 2.4 度，相应减排二氧化碳 2.3 千克。如果对全国约 4.7亿台电风扇都采取这一措施，那么每年可节电约 11.3 亿度，减排二氧化碳 108万吨。

空调

• 合理采暖

通过调整供暖时间、强度，使用分室供暖阀等措施，每户每年可节能约 326 千克标准煤，相应减排二氧化碳 837 千克。如果每年有 10% 的北方城镇家庭完成供暖改造，那么全国每年可节能约 300 万吨标准煤，减排二氧化碳 770 万吨。

• 农村住宅使用太阳能供暖

太阳能是我国重点发展的清洁能源。一座农村住宅使用被动式太阳能供暖，每年可节能约 0.8 吨标准煤，相应减排二氧化碳 2.1 吨。如果我国农村每年有 10% 的新建房屋使用被动式太阳能供暖，全国可节能约 120 万吨标准煤，减排二氧化碳 308.4 万吨。

农村住宅使用太阳能

节能灯

• 采用节能的家庭照明方式

（1）家庭照明改用节能灯。以高品质节能灯代替白炽灯，不仅减少耗电，还能提高照明效果。以 11 瓦节能灯代替 60 瓦白炽灯、每天照明 4 小时计算，1 支节能灯 1 年可节电约 71.5 度，相应减排二氧化碳 68.6 千克。按照全国每年更换 1 亿只白炽灯的保守估计，可节电 71.5 亿度，减排二氧化碳 686 万吨。

（2）在家随手关灯。养成在家随手关灯的好习惯，每户每年可节电约 4.9 度，相应减排二氧化碳 4.7 千克。如果全国 3.9 亿户家庭都能做到，那么每年可节电约 19.6 亿度，减排二氧化碳 188 万吨。

• 采用节能的公共照明方式

（1）增加公共场所的自然采光。 如果全国所有的商场、会议中心等公共场所白天全部采用自然光照明，可以节约用电量约 820 亿度。即使其中只有 10% 做到这一点，每年仍可节电 82 亿度，相应减排二氧化碳 787 万吨。

（2）公共照明采用半导体灯。同样亮度下，半导体灯耗电量仅为白炽灯的 1/10，寿命却是白炽灯的 100 倍。如果我国每年有 10% 的传统光源被半导体灯代替，可节电约 90 亿度，相应减排二氧化碳 864 万吨。

私人轿车

• 行

• 每月少开一天车

　　每月少开一天，每车每年可节油约44升，相应减排二氧化碳 98 千克。如果全国 1248 万辆私人轿车的车主都做到，每年可节油约 5.54 亿升，减排二氧化碳 122 万吨。

　　以节能方式出行 200 千米。骑自行车或步行代替驾车出行 100 千米，可以节油约 9 升；坐公交车代替自驾车出行 100 千米，可省油 5/6。按以上方式节能出行 200 千米，每人可以减少汽油消耗 16.7 升，相应减排二氧化碳 36.8 千克。如果全国 1248 万辆私人轿车的车主都这么做，那么每年可以节油 2.1 亿升，减排二氧化碳 46 万吨。

• 选购小排量汽车

　　汽车耗油量通常随排气量上升而增加。排气量为 1.3 升的车与 2.0 升的车相比，每年可节油 294 升，相应减排二氧化碳 647 千克。如果全国每年新售出的轿车（约 382.89 万辆）排气量平均降低 0.1 升，那么可节油 1.6 亿升，减排二氧化碳 35.4 万吨。

　　选购混合动力汽车。混合动力车可省油 30% 以上，每辆普通轿车每年可因此节油约 378 升，相应减排二氧化碳 832 千克。如果混合动力车的销售量占到全国轿车年销售量的 10%（约 38.3 万辆），那么每年可节油 1.45 亿升，减排二氧化碳 31.8 万吨。

● 科学用车，注意保养

　　汽车车况不良会导致油耗大大增加，而发动机的空转也很耗油。通过及时更换空气滤清器、保持合适胎压、及时熄火等措施，每辆车每年可减少油耗约 180 升，相应减排二氧化碳 400 千克。如果全国 1248 万辆私人轿车每天减少发动机空转 3~5 分钟，并有 10% 的车况得以改善，那么每年可节油 6.0 亿升，减排二氧化碳 130 万吨。

● 用

● 用布袋取代塑料袋

　　尽管少生产 1 个塑料袋只能节能约 0.04 克标准煤，相应减排二氧化碳 0.1 克，但由于塑料袋日常用量极大，如果全国减少 10% 的塑料袋使用量，那么每年可以节能约 1.2 万吨标准煤，减排二氧化碳 3.1 万吨。

布袋

保养车

• **减少一次性筷子使用**

我国是人口大国，广泛使用一次性筷子会大量消耗林业资源。如果全国减少 10% 的一次性筷子使用量，那么每年可相当于减少二氧化碳排放约 10.3 万吨。

尽量少用电梯。目前全国电梯年耗电量约 300 亿度。通过较低楼层改走楼梯、多台电梯在休息时间只部分开启等行动，大约可减少 10% 的电梯用电。这样一来，每台电梯每年可节电 5000 度，相应减排二氧化碳 4.8 吨。全国 60 万台左右的电梯采取此类措施每年可节电 30 亿度，相当于减排二氧化碳 288 万吨。

冰箱

• **使用冰箱注意节能**

（1）选用节能冰箱。1 台节能冰箱比普通冰箱每年可以省电约 100 度，相应减少二氧化碳排放 100 千克。如果每年新售出的 1427 万台冰箱都达到节能冰箱标准，那么全国每年可节电 14.7 亿度，减排二氧化碳 141 万吨。

（2）合理使用冰箱。每天减少 3 分钟的冰箱开启时间，1 年可省下 30 度电，相应减少二氧化碳排放 30 千克；及时给冰箱除霜，每年可以节电 184 度，相应减少二氧化碳排放 177 千克。如果对全国 1.5 亿台冰箱普遍采取这些措施，每年可节电 73.8 亿度，减少二氧化碳排放 708 万吨。

NENG YUAN DE LI LIANG

• 合理使用电脑、打印机

（1）不用电脑时以待机代替屏幕保护。每台台式机每年可省电 6.3 度，相应减排二氧化碳 6 千克；每台笔记本电脑每年可省电 1.5 度，相应减排二氧化碳 1.4 千克。如果对全国保有的 7700 万台电脑都采取这一措施，那么每年可省电 4.5 亿度，减排二氧化碳 43 万吨。

（2）用液晶电脑屏幕代替 CRT 屏幕。液晶屏幕与传统 CRT 屏幕相比，大约节能 50%，每台每年可节电约 20 度，相应减排二氧化碳 19.2 千克。如果全国保有的约 4000 万台 CRT 屏幕都被液晶屏幕代替，每年可节电约 8 亿度，减排二氧化碳 76.9 万吨。

液晶电脑

（3）调低电脑屏幕亮度。每台台式机每年可省电约 30 度，相应减排二氧化碳 29 千克；每台笔记本电脑每年可省电约 15 度，相应减排二氧化碳 14.6 千克。如果对全国保有的约 7700 万台电脑屏幕都采取这一措施，那么每年可省电约 23 亿度，减排二氧化碳 220 万吨。

（4）不使用打印机时将其断电。每台每年可省电 10 度，相应减排二氧化碳 9.6 千克。如果对全国保有的约 3000 万台打印机都采取这一措施，那么全国每年可节电约 3 亿度，减排二氧化碳 28.8 万吨。

• 合理使用电视机

（1）每天少开半小时电视。每台电视机每年可节电约 20 度，相应减排二氧化碳 19.2 千克。如果全国有 1/10 的电视机每天减少半小时可有可无的开机时间，那么全国每年可节电约 7 亿度，减排二氧化碳 67 万吨。

（2）调低电视屏幕亮度。将电视屏幕设置为中等亮度，既能达到最舒适的视觉效果，还能省电，每台电视机每年的节电量约为 5.5 度，保有的约 3.5 亿台电视机都采取这一措施，那么全国每年可节电约 19 亿度，减排二氧化碳 184 万吨。

能源的力量

NENG YUAN DE LI LIANG

- **适时将电器断电**

（1）饮水机不用时断电。据统计，饮水机每天真正使用的时间约 9 个小时，其他时间基本闲置，近 2/3 的用电量因此被白白浪费掉。在饮水机闲置时关掉电源，每台每年节电约 366 度，相应减排二氧化碳 351 千克。如果对全国保有的约 4000 万台饮水机都采取这一措施，那么全国每年可节电约 145 亿度，减排二氧化碳 1405 万吨。

（2）及时拔下家用电器插头。电视机、洗衣机、微波炉、空调等家用电器，在待机状态下仍在耗电。如果全国 3.9 亿户家庭都在用电后拔下插头，每年可节电约 20.3 亿度，相应减排二氧化碳 197 万吨。

饮水机

- **合理用水**

（1）给电热水器包裹隔热材料。有些电热水器因缺少隔热层而造成电的浪费。如果家用电热水器的外表面温度很高，不妨自己动手"修理"一下，包裹上一层隔热材料。这样，每台电热水器每年可节电约 96 度，相应减少二氧化碳排放 92.5 千克。如果全国有 1000 万台热水器能进行这种改造，那么每年可节电约 9.6 亿度，减排二氧化碳 92.5 万吨。

（2）淋浴代替盆浴并控制洗浴时间。盆浴是极其耗水的洗浴方式，如果用淋浴代替，每人每次可节水 170 升，同时减少等量的污水排放，可节能 3.1 千克标准煤，相应减排二氧化碳 8.1 千克。如果全国 1 千万盆浴使用者能做到这一点，那么全国每年可节能约 574 万吨标准煤，减排二氧化碳 1475 万吨。

（3）适当调低淋浴温度。适当将淋浴

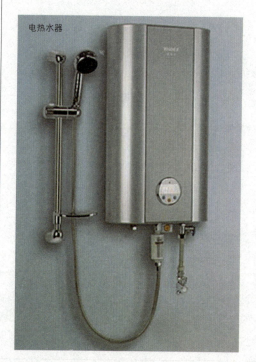

电热水器

122

温度调低1℃，每人每次淋浴可相应减排二氧化碳35克。如果全国13亿人有20％这么做，每年可节能64.4万吨标准煤，减排二氧化碳165万吨。

（4）洗澡用水及时关闭。洗澡时应该及时关闭来水开关，以减少不必要的浪费。这样，每人每次可相应减排二氧化碳98克。如全国有3亿人这么做，每年可节能210万吨标准煤，减排二氧化碳536万吨。

（5）使用节水龙头。使用感应节水龙头可比手动水龙头节水30％左右，每户每年可因此节能9.6千克标准煤，相应减排二氧化碳24.8千克。如果全国每年200万户家庭更换水龙头时都选用节水龙头，那么可节能2万吨标准煤，减排二氧化碳5万吨。

（6）避免家庭用水跑、冒、滴、漏。一个没关紧的水龙头，在一个月内就能漏掉约2吨水，一年就漏掉24吨水，同时产生等量的污水排放。如果全国3.9亿户家庭用水时能杜绝这一现象，那么每年可节能340万吨标准煤，相应减排二氧化碳868万吨。

（7）用盆接水洗菜。用盆接水洗菜代替直接冲洗，每户每年约可节水1.64吨，同时减少等量污水排放，相应减排二氧化碳0.74千克。如果全国1.8亿户城镇家庭都这么做，那么每年可节能5.1万吨标准煤，减少二氧化碳排放13.4万吨。

感应节水龙头

● 用太阳能烧水

太阳能热水器节能、环保，而且使用寿命长。1平方米的太阳能热水器1年节能120千克标准煤，相应减少二氧化碳排放308千克。2006年底，我国太阳能热水器面积已达到9000万平方米左右，如果在此基础上每年新增20％的使用面积，那么全国每年可节能216万吨标准煤，减少二氧化碳排放555万吨。

相应减少二氧化碳排放 11.7 千克。如果对全国保有的 8000 万台抽油烟机都采取这一措施，那么每年可省电 9.8 亿度，减排二氧化碳 93.6 万吨。

（3）用微波炉代替煤气灶加热食物。微波炉比煤气灶的能源利用效率高。如果我国 5% 的烹饪工作用微波炉进行，那么与用煤气炉相比，每年可节能约 60 万吨标准煤，相应减排二氧化碳 154 万吨。

（4）选用节能电饭锅。对同等重量的食品进行加热，节能电饭锅要比普通电饭锅省电约 20%，每台每年省电约 9 度，相应减排二氧化碳 8.65 千克。如果全国每年有 10% 的城镇家庭更换电饭锅时选择节能电饭锅，那么可节电 0.9 亿度，减排二氧化碳 8.65 万吨。

• 采用节能方式做饭

（1）煮饭提前淘米，并浸泡 10 分钟。提前淘米并浸泡 10 分钟，然后再用电饭锅煮，可大大缩短米熟的时间，节电约 10%。每户每年可因此省电 4.5 度，相应减少二氧化碳排放 4.3 千克。如果全国 1.8 亿户城镇家庭都这么做，那么每年可省电 8 亿度，减排二氧化碳 78 万吨。

（2）尽量避免抽油烟机空转。在厨房做饭时，应合理安排抽油烟机的使用时间，以避免长时间空转而浪费电。如果每台抽油烟机每天减少空转 10 分钟，1 年可省电 12.2 度，

微波炉

手帕

节能 33.1 万吨标准煤，相应减排二氧化碳 85.2 万吨。

（4）用电子邮件代替纸质信函。在互联网日益普及的形势下，用 1 封电子邮件代替 1 封纸质信，可相应减排二氧化碳 52.6 克。如果全国 1/3 的纸质信函用电子邮件代替，那么每年可减少耗纸约 3.9 万吨，节能 5 万吨标准煤，减排二氧化碳 12.9 万吨。

（5）使用再生纸。使用感应节水用原木为原料生产 1 吨纸，比生产 1 吨再生纸多耗能 40%。使用 1 张再生纸可以节能约 1.8 克标准煤，相应减排二氧化碳 4.7 克。如果将全国 2% 的纸张使用改为再生纸，那么每年可节能约 45.2 万吨标准煤，减排二氧化碳 116.4 万吨。

（6）用手帕代替纸巾。用手帕代替纸巾，每人每年可减少耗纸约 0.17 千克，节能 0.2 吨标准煤，相应减排二氧化碳 0.57 千克。如果全国每年有 10% 的纸巾使用改为用手帕代替，那么可减少耗纸约 2.2 万吨，节能 2.8 万吨标准煤，减排二氧化碳 7.4 万吨。

• 合理利用纸张

（1）重复使用教科书。重复使用教科书，是大势所趋。减少一本新教科书的使用，可以减少耗纸约 0.2 千克，节能 0.26 千克标准煤，相应减排二氧化碳 0.66 千克。如果全国每年有 1/3 的教科书得到循环使用，那么可减少耗纸约 20 万吨，节能 26 万吨标准煤，减排二氧化碳 66 万吨。

（2）纸张双面打印、复印。纸张双面打印、复印，既可以减少费用，又可以节能减排。如果全国 10% 的打印、复印做到这一点，那么每年可减少耗纸约 5.1 万吨，节能 6.4 万吨标准煤，相应减排二氧化碳 16.4 万吨。

（3）用电子书刊代替印刷书刊。如果将全国 5% 的出版图书、期刊、报纸用电子书刊代替，每年可减少耗纸约 26 万吨，

电子书刊

• 其他

户外景观灯

• 减少使用过度包装物

　　商店购物等日常生活行为中，简单包装就可满足需要，使用过度包装既浪费资源又污染环境。减少使用1千克过度包装纸，可节能约1.3千克标准煤，相应减排二氧化碳3.5千克。如果全国每年减少10%的过度包装纸用量，那么可节能约120万吨，减排二氧化碳312万吨。

　　合理回收城市生活垃圾。如果全国城市垃圾中的废纸和玻璃有20%加以回收利用，那么每年可节能约270万吨标准煤，相应减排二氧化碳690万吨。

包装纸

• 夜间及时熄灭户外景观灯

　　现代都市经常灯火通明，其中有不少能源被浪费掉了。如果全国的户外景观灯（共约600万千瓦）在午夜至凌晨时段及时熄灭，那么每年可节电88亿度，相应减排二氧化碳846万吨。

NENG YUAN DE LI LIANG

在农村推广沼气

建一个 8~10 立方米的农村户用沼气池，一年可相应减排二氧化碳 1.5 吨。按照 2005 年达到的推广水平（1700 多万口户用沼气池，年产沼气约 65 亿立方米），全国每年可减排二氧化碳 2165 万吨。

沼气池

植树

积极参加全民植树

1 棵树 1 年可吸收二氧化碳 18.3 千克，相当于减少了等量二氧化碳的排放。如果全国 3.9 亿户家庭每年都栽种 1 棵树，那么每年可多吸收二氧化碳 734 万吨。

版权所有　侵权必究

图书在版编目（CIP）数据

能源的力量／魏星编著．— 长春：北方妇女儿童
出版社，2015.12（2021.3重印）

（科学奥妙无穷）

ISBN 978 - 7 - 5385 - 9630 - 4

Ⅰ．①能… Ⅱ．①魏… Ⅲ．①能源 - 青少年读物
Ⅳ．①TK01 - 49

中国版本图书馆 CIP 数据核字（2015）第 272986 号

能源的力量
NENGYUAN DE LILIANG

出 版 人	刘　刚	
责任编辑	王天明　鲁　娜	
开　　本	700mm×1000mm　1/16	
印　　张	8	
字　　数	160 千字	
版　　次	2015 年 8 月第 1 版	
印　　次	2021 年 3 月第 3 次印刷	
印　　刷	汇昌印刷（天津）有限公司	
出　　版	北方妇女儿童出版社	
发　　行	北方妇女儿童出版社	
地　　址	长春市人民大街 5788 号	
电　　话	总编办：0431 - 81629600	

定　　价：29.80 元